生き物の描き方

How to Draw Living Creatures
An Introduction to Nature Observation

自然観察の技法　盛口 満 Moriguchi Mitsuru

東京大学出版会

How to Draw Living Creatures :
An Introduction to Nature Observation
Mitsuru MORIGUCHI
University of Tokyo Press, 2012
ISBN 978-4-13-063335-2

はじめに

「スケッチを描くコツは、"ウソをつきとおす"ということです」

僕がそういうと、参加者からは、「ええっ？」という声が聞こえた。

とある自然観察講習会の講師に呼ばれる。2泊3日で、自然の見方をレクチャーしたり、実際にフィールドワークをしたり。そのしめくくりとして、3日間をふりかえって、B4一枚の用紙に、まとめの文章とともに生き物のスケッチを描くというプログラムを用意した。参加者の年齢や職業はさまざま。自然に興味はあるけれど、専門的に研究をしている人たちはいない。生き物は好きではあるけれど、生き物のスケッチをすることなんて、初めてに等しい。そうした人たちが対象の講習会であった。当然、スケッチをすることに、抵抗感のようなものを持っている人も少なからずいた。僕が「ウソをつきとおす」ことがコツであるといったのは、そうした抵抗感を和らげる狙いがあってのことだった。

なぜ、生き物のスケッチをするのか？

僕自身の場合は、単純にスケッチをするのが楽しいからだ。付け加えると、スケッチをすることで対象の生き物をよく見ることにもつながる。デジカメの普及している現在、何もわざわざ、スケッチなんてする必要はないのではないかという考えもあると思う。実際、写真のほうがスケッチよりすぐれている点がある。その一方、写真技術がどんなに発達しても、スケッチの持つ意味もまた、なくならないようにも思う。ただ、デジカメの手軽さに比べ、明らかにスケッチは手間もかかるし、初心者にとっては、とっつきにくいものでもある。

「絵を描くのは苦手」

そんなふうに思っている人もいるであろう。僕はスケッチをするのが楽しいとは書いたが、自分自身が絵の才能にあふれているとは思っていない。逆に、どちらかといえば不器用なほうだ。ただ、たまたま僕は、絵を描くのがうまいかへたかにかかわらず、絵を描くのが好きだった。それに、小さいこ

ろから、生き物が好きだった。さらにいうなら、機械オンチであり、デジカメ以前のマニュアルカメラ全盛時代、カメラを扱うことがうまくできなかった。そのため、やむにやまれず、生き物のスケッチをし始めたのだ。僕は欠点の多さは人に負けない自信があるが、不器用であることに加えて、誰かに何かを教わるということが非常に苦手なのである。実際、小学生時代、好きであるはずの絵も、絵画教室に通うことは、どちらかといえば苦痛で、長くは続かなかった。

　こんな事情から、これから本書で紹介するのは、僕がどのように生き物のスケッチを身につけたかという、いわば手探りの結果の紹介である。そのため、はたして読者のみなさんにうまく伝わるものか、そもそも伝授するにたる内容であるかには、いささか自信がない。ただ、僕のような不器用な人間でも、スケッチと呼べるようなしろものが生み出せるようになったということは、かえって絵心にあまり自信がない人にも、伝えられる部分があるのかもしれないと思っている。

目次

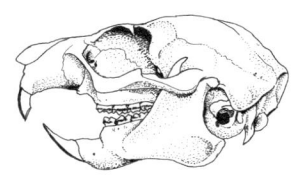

はじめに 3

1 **生き物の見方** 9
   1－1 わかるということ 9
   1－2 「れきし」と「くらし」 13
   1－3 メガネをかけよう 15
   1－4 長靴をはこう 17
   1－5 トーテムをつくろう 19
   1－6 アタックしよう 21
   1－7 もう一つの「れきし」 23

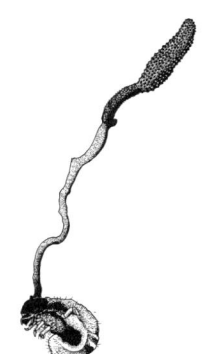

2 **フィールドノート** 27
   2－1 フィールドノート 27
   2－2 フィールドノートの鉄則 29
   2－3 クモとテントウムシのスケッチから 31
   2－4 ノートの種類 33
   2－5 筆記具の種類 35
   2－6 ロットリング 38
   2－7 フィールド 40

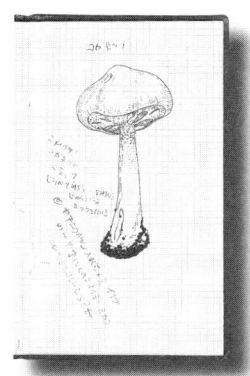

目次

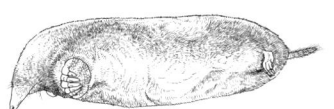

3 生き物スケッチの技法　45

- 3-1　通信の作成　45
- 3-2　「伝えること」と「伝わること」　46
- 3-3　描きたいものを描く　49
- 3-4　下絵の描き方　51
- 3-5　ペン入れ　53
- 3-6　描きすぎないというコツ　54
- 3-7　スケッチの三法則　57
- 3-8　三法則の具体例　60
- 3-9　実体顕微鏡　68

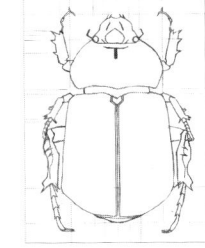

4 生き物を描く──フィールドの四季　71

- 4-1　春のスケッチ─花を描く　71
  - ① 植物の「れきし」　71
  - ② シダのスケッチ　73
  - ③ 八重の花の秘密　77
  - ④ 野菜に見るもう一つの「れきし」　80
  - ⑤「かわりだね」の花　83

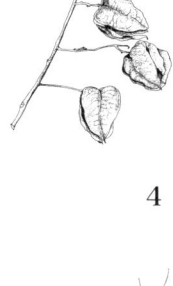

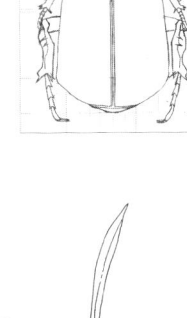

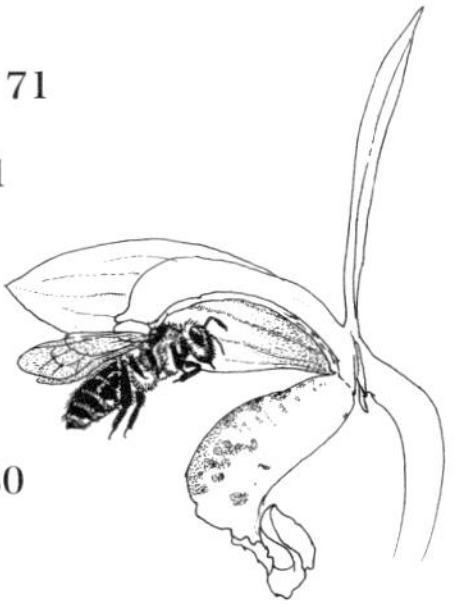

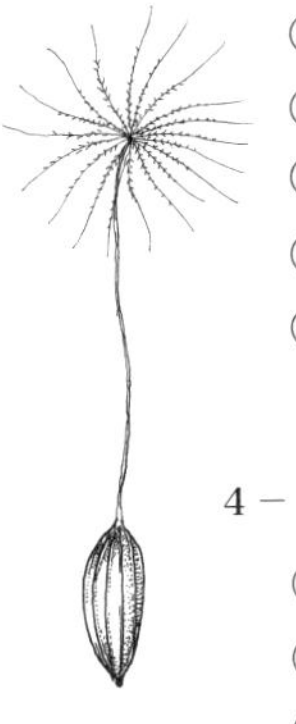

- 4-2　夏のスケッチ─昆虫を描く　90
  - ① 嫌いな虫の分類　90
  - ② 昆虫ルール　92
  - ③ 脚と顎の共通性　96
  - ④「かわりだね」の昆虫　99
  - ⑤ 昆虫スケッチの技法　104
    - コラム：昆虫の多様性①　110
    - コラム：昆虫の多様性②　111

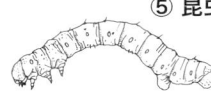

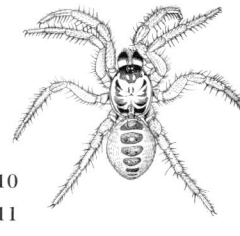

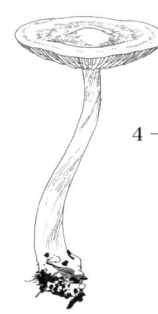

4-3　秋のスケッチ―キノコを描く　112
　①「キノコ」の二重性　112
　② 毒キノコの謎　114
　③ キノコと昆虫　117
　④ キノコから「つながり」を探る　119

4-4　冬のスケッチ―鳥を描く　128
　① 鳥たちの「くらし」の断面　128 
　② 胃の中身に見る「くらし」　131
　③ 胃石と「れきし」　137
　④ 鳥のスケッチの技法　139

5　人と自然の関係……まとめにかえて　147

　おわりに　151

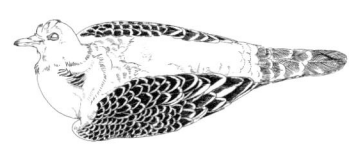

参考文献　153
索引　155

1 生き物の見方

1-1 わかるということ

「はじめに」にも書いたように、自然観察講習会の講師を頼まれるときがある。

初めて出会う人たちに対して、「自然観察とは……」という話をする際、野外にいきなり連れ出す前に、少しの時間でも、ものを見てもらいながら、話をすることにしている。そのときに、見せているのが、動物の骨だ。

一般の人々にとって、骨というものは決してなじみのあるものではない。どちらかといえば、「気持ちの悪いもの」というイメージがあるものだろう。ところが、実際に骨を見てみると、そうしたイメージは覆える。

僕が講習会などで、最初に見せているのが、図にある骨だ（**図1**）。何の動物の骨であるかまではわからなくても、この動物が、硬いものをかじるのが得意であることは、容易に想像ができると思う。図の頭骨はムササビのものであるのだが、ムササビのほかにもげっ歯類と呼ばれる動物たちは、リスにせよ、ネズミにせよ、切歯が発達した、ほぼ同様の形の頭骨を持っている。

ムササビの頭骨を見て、これが「硬いものをかじるのが得意な動物の頭骨

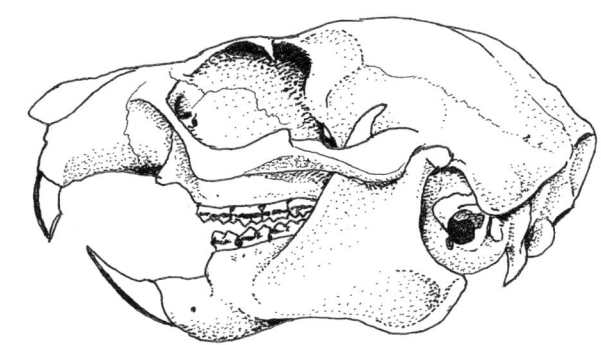

図1　ムササビの頭骨

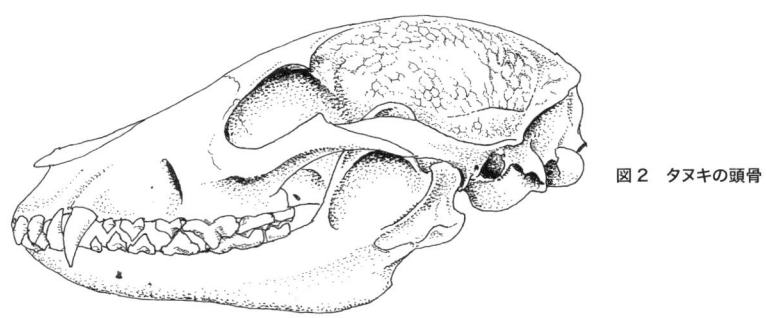

図2 タヌキの頭骨

だ」とわかるようになるということは、次に何かの動物の頭骨を見たときに、「ムササビの仲間」であるか、「まったく別の動物の仲間」であるかが、わかるようになったということである。つまり、生き物の世界は、一つのことがわかると、それと比較をすることでほかのこともわかるようになるということなのだ。

さらに頭骨を例にして考えてみよう。

次の図にあげた頭骨は、どんな動物のものか、わかるだろうか（**図2**）。

図にある頭骨には、ムササビと異なり、切歯が発達していない。その一方で、発達した犬歯があることがわかる。このことから、図の動物は肉食性の動物であろうという予測が立つ。

では、肉食といっても、どんな動物だと思うかと問うと、さまざまな答えが返ってくる。

いわく、イタチ、ネコ、イヌ、ワニ、ヘビ等々。

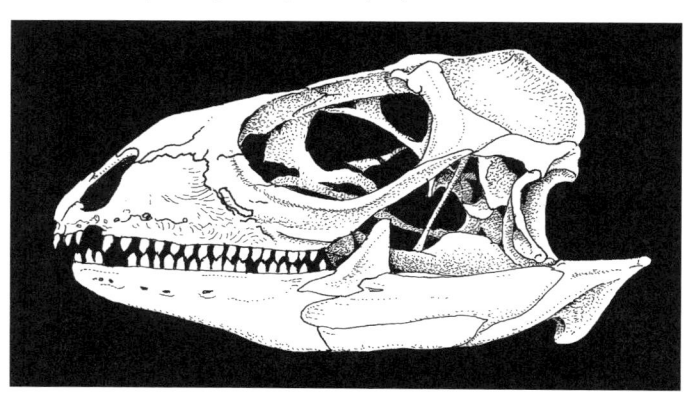

図3
イグアナの頭骨

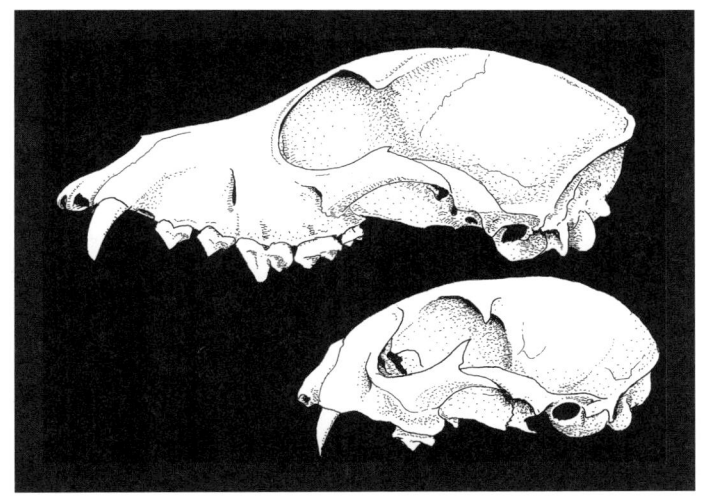

図4
イヌの頭骨
（上）と
ネコの頭骨
（下）

　ワニやトカゲなど、爬虫類の頭骨は、図のようなものである（**図3**）。ワニというのは鋭いキバを持つものというイメージがあるものである。確かに、1本、1本の歯は鋭いものだ。しかし、頭骨全体の大きさに比べると、その歯は相対的に小さなものである。脊椎動物の祖先は魚類であるわけだが、魚類にせよ、両生・爬虫類にせよ、歯は基本的にエサにかみつき、せいぜいかみちぎるぐらいの役目を果たすもので、ヒトのように咀嚼をすることがない。ヒトも含む哺乳類は、複雑な構造を持つ歯を発達させ、咀嚼能力を身につけ、そのため消化力がアップし、大量のエネルギーを消費する恒温性を持つに至ったと考えられている。つまり切歯、犬歯、臼歯などに分化した発達した歯を持つ頭骨は、哺乳類のものであるというわけだ。
　では、哺乳類の中の何であるのか。
　身近な肉食哺乳類の代表として、イヌとネコがいる。その頭骨は図のようである（**図4**）。肉食動物であるから、同様に犬歯が発達してはいるものの、頭骨全体のフォルムは両者でずいぶんと異なっているのがわかる。イヌの場合は鼻が発達していることが見て取れる。イヌ科の動物は、嗅覚を武器として獲物を追い詰める狩猟スタイルが得意であるのが、頭骨から見えてくる。一方、ネコの頭骨は全体的に丸みをおび、鼻は発達してはいないが、かわりによく発達した眼が前向きに位置し、距離を正確に測る両眼視が可能である

ことが見て取れる。すなわちネコ科の動物の狩りは、しのびよりにより距離を縮め、最後は距離を測って、獲物に向かってひとっ飛びして一撃のもとに倒すという狩りのスタイルをとる。

つまり、図に示した頭骨の動物は、肉食動物でもイヌ科のものであり、イヌに比べると、全体的にきゃしゃな印象の頭骨の持ち主であることがわかる。結局、図の頭骨は、タヌキのものである。昔話の中でタヌキとペアになって登場する機会の多い動物に、キツネがいる。キツネもイヌ科の動物であるが、両者の頭骨

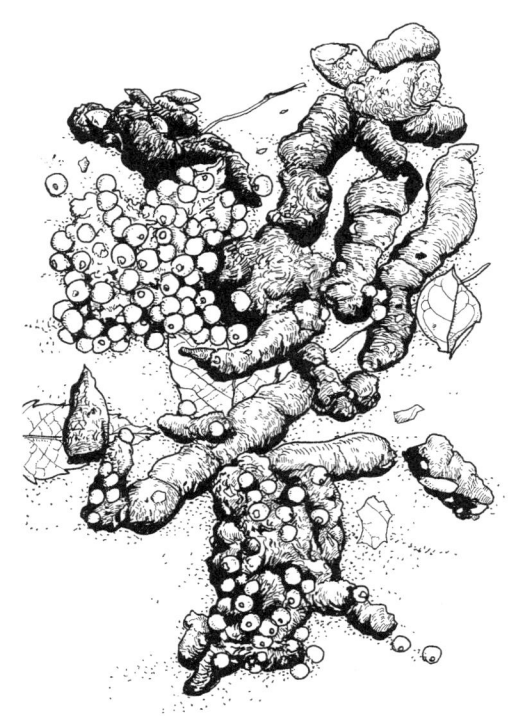

図5 タヌキのため糞 野外でフィールドノートにスケッチしたものに加筆。丸いものはヤブランの種子

を見比べると、キツネのほうがより頭骨が細長く、また、犬歯が発達していることが見て取れる。すなわち、キツネのほうが、より肉食的な頭骨をしているわけである。参考として図に示すのは、雑木林の中で見つけたタヌキのため糞（タヌキは決まった場所に糞をし、仲間同士のコミュニケーションに利用する習性がある）のスケッチである。これを見ると、糞の中に植物の種子がたくさん含まれていることがわかる（**図5**）。タヌキはイヌ科ではあるものの、その食性は雑食で、木の実のほか、ミミズ、昆虫などをよく食べている（里周辺では残飯に頼る個体もいる）。

こうして頭骨からわかることは、頭骨は食性を反映した形となっているということである。つまり、骨は「くらし」を表す。

1–2 「れきし」と「くらし」

　同様のことは、頭骨以外の骨でも見て取ることができる。
　たとえば、走行性の高い動物ほど、かかとの部分が地面から離れ、足指の数が減る。その端的な例がウマである。ウマの脚は中指が1本だけというつくりになっている。
　一方で、リスやムササビ、ネズミといった動物たちの前脚の指からは、また別のことが見えてくる。リスやムササビ、ネズミといった動物たちは、みな、切歯が発達した頭骨を持つ、げっ歯類というひとまとまりのグループである。では、その前脚の指は何本であろうか。
　漫画風にキャラクター化されたリスの絵を思い出す人もいるかもしれない。キャラクター化されたリスは、その前脚にドングリを持っていたりする。こうしてものをつかむという用途からすると、前脚はヒト同様、5本指であることが望ましいように思える。
　ところが、実際にはげっ歯類の前脚の指は4本しかない。この理由は「くらし」からはわからない。おそらくげっ歯類の共通祖先が、何らかの理由で前脚の指が4本になったため、その子孫である現生のげっ歯類は、前脚に指が4本しかないのだろう。身近な例をあげれば、ミッキーマウスの前脚にも指は4本しかない。これは原作者のディズニーが、実際のネズミをよく観察していたということだ。また、げっ歯類は大きく二つのグループに分けられている。リスやムササビ、ネズミは同一グループであるのだが、これとは別のグループに属しているモルモットやカピバラは、後脚の指に共通した特徴がある。これらの動物の後脚には指が3本しかないのである。これも、モルモットやカピバラの共通祖先がリスやネズミたちの共通祖先と分かれたあと、何らかの理由で後脚が3本指になり、それが子孫に受け伝えられているということである。
　つまり以上のことから見えてくることは、骨からは、その動物の「くらし」とともに、「れきし」が見えるということである。これは何も骨に限る話ではない。生き物には、必ず「くらし」と「れきし」がある。
　この視点は、生き物を見ていくうえで、何よりもベースになるものである。

ある生き物の特徴がほかの生き物と似ているのが、「くらし」が似ているせいなのか、それとも、「れきし」が同じせいであるのか、しばしば見分けることが難しい場合がある。
　たとえばカタツムリと呼ばれる生き物がいる。
　カタツムリとはどのような生き物であるのだろうか。
　カタツムリは、軟体動物（貝の仲間）の中の腹足類（巻貝の仲間）で陸上に進出したものを指す用語だ。より専門的には陸産貝類（陸貝）と称している。しかし、この陸産貝類はいくつかのグループの寄せ集めだ。一般にカタツムリとして認識されている陸産貝類は、腹足類の中でも有肺類と呼ばれるグループに属している。これが狭義のカタツムリだ。狭義のカタツムリにも殻の形はさまざまな種類があるが、共通した特徴は、蓋を持たないことである。しかし、陸産貝類の中には、蓋を持つ種類も見受けられる。その一つがヤマタニシの仲間で、これは陸産貝類といっても狭義のカタツムリとは祖先が異なり、陸上生活に適応した、淡水産のタニシの仲間である。狭義のカタツムリとヤマタニシは、「れきし」が同じだからではなく、「くらし」が似ているために、同じくカタツムリと呼ばれる生き物たちであるわけだ。
　同じように、ナメクジの場合を考えてみる。
　ナメクジというのは、カタツムリの仲間で、殻が退化したもののことである。
　ナメクジにも種類がある。そして、このナメクジも、種類によって「れきし」はさまざまである。狭義のカタツムリも、さらにいろいろなサブ・グループに分けられるのだが、そのサブ・グループごとに、殻を退化させた種類が分化している（つまりはナメクジ化を起こしている）ということなのだ。身近な例でいうと、里周辺で見かける在来種（と思われる）のナメクジと呼ばれる種類と、近年、都市部でもっとも普通に見ることができる移入種のチャコウラナメクジは、属しているサブ・グループが異なっており、結局のところは「れきし」を異にする者同士だ。なお、南日本にはイボイボナメクジという肉食性のナメクジが生息するが、このイボイボナメクジは、ナメクジともチャコウラナメクジともかなり縁が離れた「ナメクジ」である。

1-3 メガネをかけよう

　骨の話を紹介すると、いったいどうやって骨格標本を手に入れたのかと、問われたりする。骨格標本というものは、たとえば交通事故にあった動物の死体から、自分で作製したりするものだ。それ以外に、野外で直接、骨を拾うこともある（もっとも、骨を拾うのは、森よりも海辺のほうが圧倒的に多い）。この話をすると、再度、「骨なんて、落ちていますか？」と問われてしまう。この問いに対する答えは、「落ちているけれど、気がつかない人が多い」ということになる。逆にいえば、骨を気にすると、とたんに落ちているのが見えてくる。実際、ここまで書いたようなレクチャーをおこなった、埼玉の雑木林をフィールドにした講習会では、レクチャーのあと、雑木林を歩いているうちに、参加者自身が骨を見つけ出した（森の中で骨を見つけることはあまりないことだから、僕は少し驚いたのだが）。実は雑木林の縁に池があって、そこにすむカワウが樹上で食べたエサの残りが、特定の木の下に落ちていたというのが骨の落ちていた理由だった。

　つまり自然を観察するときのコツは、「自然を見るためのメガネをかける」というふうにいい表せる。自然はいつもそこにあるが、普段は目に入らないものであるからだ。

　僕は少年時代からずっと、生き物を見ているが、今でも繰り返し、自然を見るためには「メガネ」をかける必要があるということに思い至る。ある生き物のことを、気にしだしてみて、初めて、「ああ、こんなところにも」と思うことが、何度もあるからだ。

　たとえば、その最たるものの一つにコケがある。コケは、一見、まったくといっていいほど自然のなさそうな都会の中にも生えている。しかし、それと気にして見るまで、生えていることさえ気がつかない。

　実際は、都会のコケといっても、さまざまな種類がある。これら、都市部でも見られるコケをアーバン・モスなどと称することもある。アーバン・モスの代表ともいえるのが、ギンゴケである。このコケはまた、都市部だけでなく、東大寺の大仏殿の屋根から富士山の山頂、はては南極にまで生育しているという「どこにでも生えるコケ」である。コケの同定は大変に難しいが、

ギンゴケはその名のとおり、葉先の細胞に葉緑体がないため、葉先が白く光って見え、肉眼だけでも、その正体がわかりやすいコケだ。そのため、ギンゴケの存在を知ると、「ああ、ここにも生えている」ということに気づく。しかし、ギンゴケの存在に気づくようになるということは、ギンゴケが本当に「どこにでも生える」わけではないことにも、また、気づくということである。たとえば、沖縄・那覇の街中にはギンゴケはまったく生えていない。東京の場合でも、ギンゴケはアスファルトの隙間や、場合によって歩道橋の上などでも見ることができる（コケは根がなく、歩道橋の上にたまったほこりの上に生えている）一方、コンクリートの上にはギンゴケではないコケが生育している。コンクリートの上に好んで生えるのは、ハマキゴケだ。街路樹や公園の樹幹にも、別のコケが生えている。都会の樹幹に生育しているのは、ヒナノハイゴケやコモチイトゴケなどだ。コケは「どこにでもある」ものだけれど、コケの種類によって、「どこにある」かは、それぞれ決まっている。
　コケの中では、ゼニゴケが一般的には知名度が高い。ゼニゴケは、日陰となった庭の土の上などで見られるコケだ。このゼニゴケには雄株と雌株がある。両者は、時期になると、それぞれ、雄器托と雌器托と呼ばれる、傘型の生殖器官を伸ばす。雄株と雌株が近くに生えていると、雄器托から放出された精子が雨粒などによって雌器托に到達し、受精がおこなわれて、有性生殖による遺伝子交換をともなった胞子が形成される。ところが都会ではゼニゴケの雄株と雌株が分断されてしまい、めったに有性生殖をおこなえなくなっている。ゼニゴケの場合、無性生殖も可能であるので、クローン的な増殖で命脈は保っていられるわけである。が、さらにいえば、ゼニゴケ自体、都会では徐々に生育が見られなくなっており、かわりに外来種のミカヅキゼニゴケが勢力を伸ばしつつある。実は、足元のコケにもこんな変化が起こっているというわけである。
　こうしたことは、コケを気にするようになって、初めて見え出してくることだ。つまりは「コケメガネ」をかけることによって、目に入るようになる世界である。自然を見るということは、何らかの「メガネ」をかけてみるということにほかならない。自然を見ていこうと思うなら、どのような「メガネ」をかけるかを、決めることがまず大切だ。また、ときにはあたらしい「メガネ」

の存在に気づき、「メガネ」をかけかえてみるといった、意識的な取り組みが、必要とされるということである。

1–4 長靴をはこう

　対象を意識して、初めて気づく自然がある。「メガネをかけよう」というのは、そういうことである。

　自然を見にいくにあたっての、心がまえのようなものが、もう一つある。それが、「長靴をはいて出かけよう」というものだ。

　自然を見るのには、意識化することとともに、何らかの技術や知識が必要となってくる。必要とされる技術や知識は、見てみようと思う自然の中身によっても異なってくる。また、どのような技術や知識が必要であるかは、実際の体験の中から明確化されるものであるだろう。

　具体例を一つ上げる。

　冬虫夏草という菌類の仲間がある。

　冬虫夏草というのは、子嚢菌類のバッカクキン科（近年、所属については異論も出ている）に属する昆虫病原菌の仲間だ。冬虫夏草の胞子は、生きた昆虫やクモ、ダニなどの節足動物にとりつく（4－3で述べるが、例外もある）。とりついた胞子は、宿主の体内に菌糸を伸ばし、やがて宿主を殺してしまう。そして、最終的には、宿主の骸を栄養として、宿主の体外にキノコを伸ばすというものである。冬虫夏草の中でも、チベット高原などに産するコウモリガの幼虫に寄生する種類は、古くから漢方薬として利用されてきたため、特に有名である。しかし、冬虫夏草はこの種類に限るわけではなく、日本からも多くの種類が記録され、いまだになお、毎年のように新しい種類が報告されている（**図6**）。

　中国で漢方として利用される、その名もトウチュウカソウという種類は、高山草原に発生するのであるが、冬虫夏草類の発生環境はさまざまで、都会の公園でも発生の見られるクモタケや里山の雑木林に発生するサナギタケなどの種類もある。

　冬虫夏草を観察するには、いったいいつ、どんなところに出かけていけば

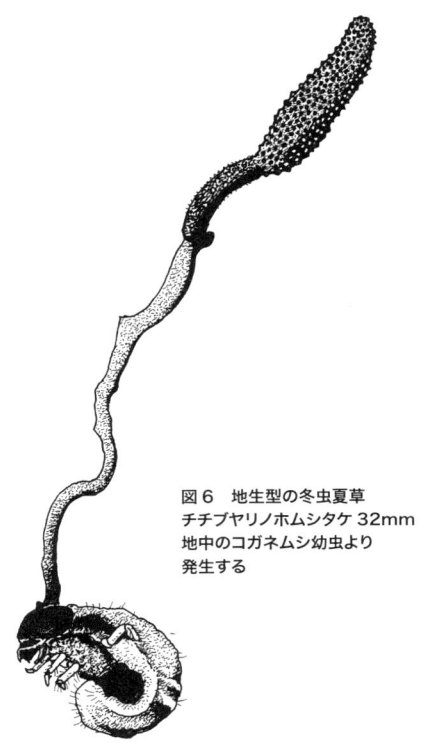

図6 地生型の冬虫夏草
チチブヤリノホムシタケ 32mm
地中のコガネムシ幼虫より
発生する

いいのか。

　先に書いたように、これは種類によってさまざまであるのだが、大まかにいって、発生適地と、ベストシーズンというものがある。

　雑木林の中で、発生適地といえば、沢沿いの氾濫台地や、その周辺ということになる。冬虫夏草には、土中に潜った宿主から発生するセミタケの仲間や、サナギタケのような種類（地生型）もあれば、沢沿いの木の幹に着生していたり、葉裏に着生していたりする宿主から発生するヤンマタケやイトヒキミジンアリタケのような種類（気生型）もある。また、十分に湿った倒木中の宿主から発生するクチキフサノミタケのような種類（朽木生型）もある。冬虫夏草は沢沿いなど、湿った環境に好んで発生するため、冬虫夏草を探しにいく際は、何より足元を長靴で固める必要がある。なぜなら、道ではなく、沢の中を歩きながら、その両脇の地面や樹木、倒木に目を凝らす必要があるからだ。つまり、冬虫夏草を探しにいくようになると、普段とは雑木林の歩き方が異なってくる。さらに、冬虫夏草は、なにぶん、小さなものが多い。地生型のものでは宿主は地中に隠れているので、中には地上に見える部分が1cmに満たない種類もある。そのため、そうした地生型を探しあてるには、半ば地面をはいつくばって探す必要がある。葉裏に着生している気生型を探す場合でも、アリや小型のクモから発生した種類を探しあてるためには、葉を1枚1枚めくる必要があったりもする。冬虫夏草を探すコツは、10mの距離を、いかに時間をかけて丁寧に見て歩けるかということであるのだ。

　また、冬虫夏草の発生季のピークは、梅雨時期であることが多い。すなわ

ち、雨模様や、湿気に満ちた中での探索を余儀なくされるし、フィールドに出かけるにあたって、雨が降り続くこと自体が好ましく思えるようにもなってくる。

　自然を観察するには、たとえば普段の山歩きとは異なった「歩き方」が必要とされるというわけである。その一つの象徴が、長靴をはくということなのである。それは、決して難しい話ではない。実際、長靴をはいただけで、普段とはちょっと異なった場所に入り込むことができるようになる。そして、普段とはちょっと異なった生き物に出会うようになるのだ。

1-5　トーテムをつくろう

　「どうしたら、生き物の名前を覚えられるんですか？」
　自然観察の講習会で、このような質問を受けるときがある。
　僕は物覚えがいいほうではない。人の名前を覚えるのが苦手であるだけでなく、生き物の名前さえ、覚えるのは苦手だ。生き物の名前の覚え方に、万人に適した方法はないのではないかと思う。だから、以下に紹介するのは、一つの方法であると思ってほしい。
　ここで紹介する、生き物の名前の覚え方をひとことでいい表すなら、「トーテム法」ということになる。
　「トーテム法」をごく簡単に説明すると、自分に特別のかかわりを持つ生き物なら、名前を覚えるのは苦ではない……ということにつきる。
　例をあげる。
　雑木林をフィールドにした、自然観察の講習会でのことである。
　「自然を意識化する」「意識化することによって、何かを見つける」「見つけたものを、他者に表現する」
　そのような意図で、顕微鏡を使ったプログラムを考えた。
　生き物を観察するときに、一般に使われる顕微鏡には、大きく透過型顕微鏡と実体顕微鏡がある。透過型は、顕微鏡にセットした資料を、下から光をあてて、透過した光によって観察するものである。これが、いわゆる学校で観察法を習う顕微鏡である。一方、実体顕微鏡は、資料をセットしたら、

上からの光をあてて、そのままの姿を拡大して観察するものである。透過型顕微鏡の拡大率は400倍や1000倍にもなるが、実体顕微鏡の拡大率は数倍〜数十倍程度である。
　プログラムの内容をひとことで説明すると、実体顕微鏡で覗いてみたときに、おもしろいと思うものをフィールドから探し出すという……ということになる。もう少し、説明を加える。まず、野外で何でもいいので、実体顕微鏡で拡大して見たいと思える自然物を探してくる。続いて、それを実体顕微鏡で覗いてみる。何度かこの作業を繰り返し、一番「おもしろい」と思うものを見つけたら、実体顕微鏡の資料台の上に、資料を固定する。この作業を2人1組のグループでおこなったのだが、各グループの資料が実体顕微鏡に固定されたところで、互いに見つけたものを覗きあい、「これはおもしろい」と思うものに、投票してもらい、得票を集計した……そんなプログラムである。
　拡大するということは、視野が限られるということでもある。視野を限ることで見えてくる世界もある。また、その見えてきた世界を、はたして他者に伝わるものとして見せられるかという課題がプログラムには含まれている。
　さまざまな自然物が実体顕微鏡で覗く資料として選ばれたのだが、結局、多くの票を集めたのは、エサキモンキツノカメムシを拡大して見せたグループだった。このカメムシの背中には黄色いハートの形をした模様があるのだが、優勝したチームは、このハートの模様だけを拡大して見せたのである。ちなみに、たまたまこのときの優勝賞品として用意していたものが、僕の描いたスケッチをもとにしてつくった絵葉書であった。そして、本当に偶然であるのだが、その中の1枚にエサキモンキツノカメムシを描いたスケッチが含まれていた。結果、優勝グループの2人はひどく感激をしていた。
　このグループの1人であるSさんは、その後、何度か開催された自然観察の講習会に連続して参加することになるのだが、そのおり、次のような話をしてくれた。
　「わたしは生き物の名前を覚えたりするのは苦手なんですが、エサキモンキツノカメムシだけは別です」

さらに、このエサキモンキツノカメムシは昆虫学者の江崎悌三にちなんだ名を持つ昆虫であるのだが、Ｓさんは、「ほかのエサキと名のつく昆虫も気になるようになりました」とも語ってくれた。
　これが、典型的な「トーテム法」の例といえる。つまり、特別な出会いをした生き物は、強い印象とともに、その名を覚えてしまうというものである。そして特定の出会いをした生き物（「トーテム」）ができると、その「トーテム」を中心にして、関連づけられた生き物の名前も自然と覚えるようになるというものである。
　何をもって「特別な出会い」とするかは、さまざまだろう。が、ここで肝心なことは、すべての生き物の名前を知ろうとするのではなく、「気になる生き物の名前」から、覚えていけばいいということだ。つまり、生き物の名前は、まだらに覚えていってもかまわないものなのである。

1-6　アタックしよう

　「気になる生き物」は、人によって異なるものだ。
　研究者であるかどうかにかかわらず、生き物に特別の興味を持つ人のことを、俗に生き物屋と呼ぶ。その生き物屋もさらに対象とする分野によって、虫屋や鳥屋などに細分される。ヘビ屋はむろん、ヘビについて特別の興味を持っている人たちのことなのであるが、そのヘビ屋と話をしていると、ヘビにかまれた話がたびたび登場する。同様、キノコ屋と話すと、毒キノコに中毒した話に発展することがある。生き物屋と呼ばれる人たちにとっても、そのような体験は、特に「語るに足る」体験であるわけだ。つまり、人によっても、生き物によっても、互いの関係性の「濃さ」はいろいろある。
　ヘビにかまれたり、毒キノコにあたったりすることはお勧めできないので、もっと簡単に、「濃い」関係性を生み出す方法を探してみる。それが、「食べる」という方法である。
　自然物に対する「食べられるか」「食べられないか」という区分は、ヒトの持つ、自然認識の方法の中では、最古の部類に入るだろう。
　魚介や山菜、キノコなどは図鑑にも「食用」であるか、「否」かが掲載さ

れている。では、それ以外の生き物と、「食べる」という関係性を結ぶことは可能だろうか。

　秋、宿泊をともなった自然観察の講習会で、ドングリの調理を取り入れたことがある

　ドングリの定義というものは、研究者によっても異なっているため、日本に何種類のドングリが存在しているかは、その定義によって、異なっている。僕の場合は、「ブナ科の植物のうち、コナラ属とマテバシイ属のもののつける果実をドングリと呼ぶ」という定義をとっている。この定義によると、日本産のドングリは、全部で17種類ということになる。

　多くのドングリは、そのままでは食べることができず、食べるためには、渋抜きが必要である。

　講習会では、ウバメガシのドングリの渋を抜く作業に取り組むことにした。まず、ウバメガシのドングリの皮を、生のまま、むく。皮をむいたドングリは、包丁でよく刻み、すり鉢ですって粉末にしたあと（もちろん、フードプロセッサーを使用してもかまわない）、ボウルに入れて、水を注ぐ。ドングリの渋の成分は水溶性のタンニンであるため、ボウルの水にタンニンが溶け出してくる（水が茶色に染まる）。しばらくして、ドングリの粉が底に沈みきったら、そっと上澄みだけを捨て、また新しい水を注ぐ。これを、水が透明になり、底にたまっているドングリの粉をなめても苦くなくなるまで続ける。できあがった渋抜きをした粉は、クッキーやお好み焼き用の粉として使用できる。

　こうした渋の程度は、ドングリによって異なっている。中には、マテバシイのように、渋抜きをしなくてもそのまま食べられるドングリもある。オキナワウラジロガシの場合は、渋を抜くのに、1週間ほどかかる。かくて、各種のドングリを食べ比べてみるという観察もなしうるわけだ。ちなみに僕がこれまで本格的に（1粒2粒の単位ではないということ）食べたことのあるドングリは、コナラ、ミズナラ、クヌギ、アラカシ、シラカシ、ウバメガシ、ハナガガシ、イチイガシ、オキナワウラジロガシ、マテバシイと全部で10種類であり、日本産ドングリの全種類は制覇できていない。

　こうして、各種ドングリを食べ比べてみると、ウバメガシのドングリは、

皮（正確には、一番外側の硬い皮が果実、内側の渋皮と呼ばれるところが種皮である）がむきやすいことと、ドングリが比較的大型であり、渋の抜けも比較的早いので、加工をしやすいドングリであるということがわかる。

　ドングリは、むろん、人間だけでなく、動物たちによっても利用される。ただし、近年の研究で、ドングリに含まれているタンニンは、これまで考えられていたよりも、ドングリを食べる動物たちにとってやっかいな物質であることが判明してきている。たとえば一般のイメージとは異なって、ニホンリスはほとんどドングリを食べないことがわかった。また、渋のあるドングリを利用しているアカネズミも、実験的にタンニン含有率の高いミズナラのドングリだけを食べさせた場合、およそ半数が死亡したという結果が報告されている。アカネズミにとってもタンニンの含有率の高いドングリは質のいいエサとはいえないのだが、アカネズミはタンニンに対して徐々に耐性を持つことで、渋のあるドングリを利用可能にしている。では、ドングリを利用するほかの動物たちとドングリとの関係性はどうなっているのだろうか。ドングリを利用する動物というのは古くから知られているものの、その実態には、実はこのようにまだよくわかっていない側面も含まれているのである。

　このように生き物に何らかのアタックをするということは、対象との関係性を「濃く」し、ひいては直接アタックする以外の興味も引き起こすきっかけになるのではと思う。また、アタックする対象を変えることで、別の発見がもたらされることもある。

1–7　もう一つの「れきし」

　「食べる」というアタックで身の回りを見ていったときに、雑草とひとくくりにされる植物たちの「れきし」が見えてくる。

　身近な雑草の一つに、ネコジャラシと俗に呼ばれる、エノコログサというイネ科の植物がある。このエノコログサは、実はアワという作物の祖先なのである。エノコログサというと、細長い柄の先についた、長い毛の生えた穂が思い浮かぶが、この穂の中にできる粒（果実）を脱穀し、籾をはずせば、食べることができるわけである。このことを知ってしばらく、どのようにし

たら実際にエノコログサを食べることができるかに挑戦したことがある。問題解決の壁となったのは、「どのようにして籾をとるか」ということと、「どのようにして大量に集めるか」ということであった。結局、数年間にわたる試行錯誤の末、「ネコジャラ飯（エノコログサを炊いたお粥）」をつくることに成功し、雑草と作物に同根のものがある場合を実感した。

　雑草というものは、たとえば畑に生えていた場合、作物の天敵のようなイメージさえ持たれる植物であろう。しかし、よく考えてみると、雑草も植物も、人間が開墾をした畑という環境に好んで生えているという点は同一であるという見方もできるのだ。つまり、雑草と作物は兄弟分なのである。実際、栽培植物の歴史をひもとくと、雑草から作物に昇格したもの（ライムギなど）もあるし、雑草と思いきや、実は作物の祖先である場合もあるのである。エノコログサの場合も、もともと日本在来の植物ではないと考えられている。アワという作物は古い時代に伝来したものであるのだが、そのアワが伝来した際、アワの祖先であるエノコログサの種子もアワに混じって伝来し、人里環境に野生化したものであるらしい。

　このような視点に立って探してみると、身近な環境にも作物と関連のある雑草が多く見受けられることに気づく。校庭や河原などで見るつる植物のツルマメは、大豆の原種であるといわれている。実際、炒れば、炒り大豆の味がするし、試してみると、豆腐をつくることも可能である。ツルマメは日本や中国に在来の植物であり、大豆もこの一帯で作物化されたものである。一方、レタスの原種であるとされるトゲヂシャは、ヨーロッパ原産の帰化植物で、近年、分布を拡大中のものである。

　このように、雑草の多くは人間と何らかの関係性を持っており、身近な場所に見られるわけは、そうした人間との関わりの「れきし」で考えていく必要がある。先に生き物を見ていく際には必ず「くらし」と「れきし」という観点があることに留意すべきであると書いた。この「れきし」は、本来、進化という「れきし」のことである。しかし、これとは別に、生き物たちを見ていくとき、多かれ少なかれ、ヒトという生物との関わりの「れきし」という、もう一つの「れきし」を抜きには語れないということが、雑草から見えてくる。

さて、このように、自然を見るうえでのいくつかの視点をまとめてみた。
　では、今度は、実際の自然を見に出かけてみるときの手立てについて、見ていくことにしたい。

2 フィールドノート

2–1 フィールドノート

　本書は、自然を観察し、記録し、伝える手段として、生き物のスケッチをする技法について紹介することを目的としている。が、生き物のスケッチのノウハウに入る前に、少し、僕の生い立ちの話をしてみようと思う。

　僕は千葉県の海辺の街で生まれた。父の仕事は、高校の理科教員だ。今と違って、パソコンのない時代である。父は自主教材づくりが大好きな理科教師だったので、家にいても暇があればガリ版をきっていた（今の若い人には、"ガリ版をきる"といっても、意味がわからないかもしれない。謄写版と呼ばれる印刷方法の原紙をつくるため、ヤスリの板の上に、蠟紙を載せ、鉄筆を使って文字を彫るようにして書く作業のことだ）。こうして印刷した手づくりプリントのあまったものが、実家にはたくさんあった。その裏紙が、僕にとっての何よりもの遊び道具だった。自分1人で遊ぶときは、とにかくその裏紙に、絵を描いて、飽きることがなかった。描いていた絵は、ロボットやらなんやら、今でいうところの漫画風の絵だ。

　絵への興味とは別に、僕は生き物が好きだった。子どもは誰しも生き物が好きなものだけれど、僕の場合、小学校の低学年から生き物に「特別」な興味を持ってしまった。生き物への「特別」な興味を持つかどうかの一つのキーポイントは、「多様性」に興味を持つかどうかという点にあるだろう。僕の場合は、海岸に打ち上がっている貝殻に、「多様性」を感じ取ってしまったのだ。むろん、このころは「多様性」などという言葉を知る由もなかったのだが、「なぜ、こんなにいっぱい、いろいろな貝殻があるのだろう」という謎に、心がときめいてしまったのだ。貝殻から始まった「多様性」への興味は、その後、昆虫や植物にも広がっていく。

　絵を描くことと、生き物への興味がつながりを見せ始めるのは、中学生の

ころのことだ。

　「多様性」への興味の第一歩は、対象とする生き物を集めることに始まる。貝殻の場合、何の問題もなかった。拾い上げた貝殻は、さっと洗って干せば、そのまま標本になるからだ。貝殻集めに関しては、せいぜい、自分の部屋が手狭になるといった問題点があるぐらいだった。しかし、昆虫や植物など、貝殻以外の生き物にも、「多様性」の興味を広げ始めたとき、一つの困難を感じることになった。たとえば、一度、海藻にも興味を持ったことがある。しかし、喜んで拾い集めた海藻を処理ができず（つまり、標本にすることができず）、しばらく冷蔵庫に入れておいたあと、処分してしまった思い出があるのだ。海藻も、普通の陸上植物と同じように、押し葉標本をつくる。が、海藻の押し葉標本づくりには、少し工夫が必要だ。海藻は拾い上げたあと、よく水洗いをして押し葉をつくるのだが、吸い取り紙とくっつかないよう、紙との間に、ガーゼをあててやる必要がある。そんなちょっとした工夫がわからなかったのである。標本づくりには、何にせよ、何かしらの工夫が必要となってくる。

　昆虫の場合、標本づくりの基本は、昆虫を「採って」「殺して」「干す」という作業につきる。ただ、それぞれについて工夫が必要であり、道具もまた必要となってくる。田舎街に生まれ育った僕にとって、本格的な昆虫採集の道具は、入手しづらかった。そのため、捕虫網さえ僕は持っておらず、チョウやトンボは僕の昆虫採集の対象外となった。それでもハチや甲虫は十分に捕まえることができた。ただ、昆虫採集において、一番の問題は、作製した標本の管理であることが、やがてわかった。昆虫標本は密封性の高い専門の標本箱がない場合、コナチャタテなどの害虫に食い荒らされてしまうことが容易に起こるのだ。標本管理の重要性は、植物の押し葉標本でも同様である。せっかくつくった標本が、見るも無残な様に変わり果ててしまうのを見ると、標本をつくり集めることがむなしくなってくる。

　そんなときに、標本づくりにかわる、生き物との接し方を、僕は知った。それがフィールドノートというものだった。

2−2 フィールドノートの鉄則

　僕が小学校の6年生のときに、『アニマ』という動物雑誌が創刊された。この雑誌は、生き物好きの僕にとっては衝撃だった。毎号、毎号、さまざまな生き物たちの写真と、そうした生き物たちに関わる本格的な記事が掲載されていた。その『アニマ』のカモシカを扱った記事の中に、研究者のフィールドノートが紹介されていた。それはわずかな囲み記事だった。カモシカの行動が手書きでメモされている、手帳大のノートの写真が載っていた。これでフィールドノートがどんなものかとわかったわけではなかったが、生き物を扱う研究者は、フィールドノートなるものを持っている……ということを知ったということだ。実際に僕がフィールドノートを書くようになるまでは、しばらく時間がかかった。フィールドノートの1冊目を書き始めたのは、1977年8月28日、僕が中学校3年生の夏のことである。子どものときに採集した昆虫の標本は一つも残っていないが、このフィールドノートは今も手元に残っている。手帳は長さ15 cmあまりの縦長のもの。教育関係の出版社の名前がついているから、父から譲り受けたものだろう。手帳には横線が引かれ、ページによっては予定表を書き込む欄もあるものの、そうしたつくりは無視して、各ページに、鉛筆で字やスケッチを書き込んでいる。

　1ページ目に書かれているのは、次のようなものだ。

1977．7月28日
　夜8：40
　ウマオイ　1匹、スイーチョン
　コオロギ　数匹、リリリリ……と鳴いている
　8：45
　ウマオイ、休む
　9：00
　ウマオイ、復活

　7月29日

朝、7：10　　ミンミンゼミとアブラゼミ
　　　　　　　　ツクツクボウシ、聞こえず

　今、見返すと、ほとんど意味をなさないメモではあるけれど、このような情報を書き込むことから、フィールドノートとのつきあいは始まった。同ページには、なぜか、穴だらけのナスの葉が描かれている。ページをめくると次のページにも、穴だらけのマサキやサツマイモの葉のスケッチが描かれている。これらのスケッチも、ほとんど意味が不明だ。しばらくページをめくると、ようやく、穴だらけの葉だけでなく、葉を食べる幼虫のスケッチが出てくる。こうなると、当時の僕が、昆虫の生態を記録しようとしていたという狙いがはっきりしてくる。しかし、昆虫の生態といっても、何をどう記録していいのかわからない。そのため、とりあえず目につく昆虫の残した痕であり、スケッチも残しやすい、食べ痕のある葉をフィールドノートにスケッチをしたということだ。
　僕のフィールドノートとのつきあいは、試行錯誤で始まった。そのため、今、昔のフィールドノートを見返してみたとき、当然、記録された情報に意味のとれないものがある。一方で、どんなにつたない情報であっても、見返したとき、意外に情報として役に立つことがあることもわかる。
　たとえば、フィールドノートのNo.1には、穴だらけのナスやマサキなどのスケッチに続いて、隣家の生垣のメダケの葉を食べているケムシのスケッチが登場する。これは、自分で見返しても、あきれるくらいひどく簡単なスケッチである。当時の僕は、このケムシの種類が何であるかはわかっていなかった。ところが、今、見返してみるとタケノクロホソバの幼虫であることがわかる。ごく簡単なスケッチでも、特徴的な昆虫の場合、あとになって種名の判定に役立つわけだ。最近になって、僕はケムシの仲間に興味を持つようになった。そのためタケノクロホソバの幼虫を見たいと思うようになったのだけれど、いつ、このケムシを見ることができるのかわからなかった。ところが、フィールドノートNo.1には、10月16日にこのケムシを見たことが記録されている。
　フィールドノートの鉄則は、とりあえず、何でも記録してみる、という

ことである。あとになって、その記録が意味を持つようになることがあるからだ。このとき最低限、必要な情報は、いつ、どこでそれを見たかというものである。

2-3 クモとテントウムシのスケッチから

同様の例がある。

この１冊目のフィールドノートを見返してみると、クモのスケッチがたびたび登場する。こんなにクモに興味があったのだろうかと、自分のことながら不思議な思いがする。考えてみると、クモを描いたのには、いくつかの理由がありそうだ。一つは、クモは体が柔らかく、昆虫のように乾燥標本にできない（アルコールの液浸標本とするが、当時の僕にはアルコールは入手が難しかった）。そのため、クモを見つけたとき、標本として記録を残せなかった。また、当時の僕は、クモの種名をほとんど知らず、家にもクモの図鑑がなかった。そのため、クモを見つけてもフィールドノートに種名を書くことができなかった。結果、見つけたクモはスケッチにして記録を残すしか方法がなかった（今ならさしずめデジカメで記録をとるということになるのだろう）。このクモのスケッチは、タケノクロホソバの幼虫同様、かなり簡単なスケッチだ。恥ずかしいが、複写したものを見ていただきたい（**図7**）。当時のスケッチについて、ダメだしをしてみる。

○まず、スケッチが小さい。
○鉛筆で描かれているため、輪郭がはっきりしていない。
○脚なども、棒状に描かれていて、関節がわからない。

それでも、このスケッチは野外で描かれたものであるという点を割り引く必要があるだろう。それに、アオオビハエトリだなとか、ワカバグモかな……と、やはり種名がわかるクモのスケッチもある。この程度のスケッチでも、記録性はあるのだ。これが、スケッチがなく特徴を文章だけで記録されていたら、種名がわかるものは、さらにずっと限られてしまっただろう。ア

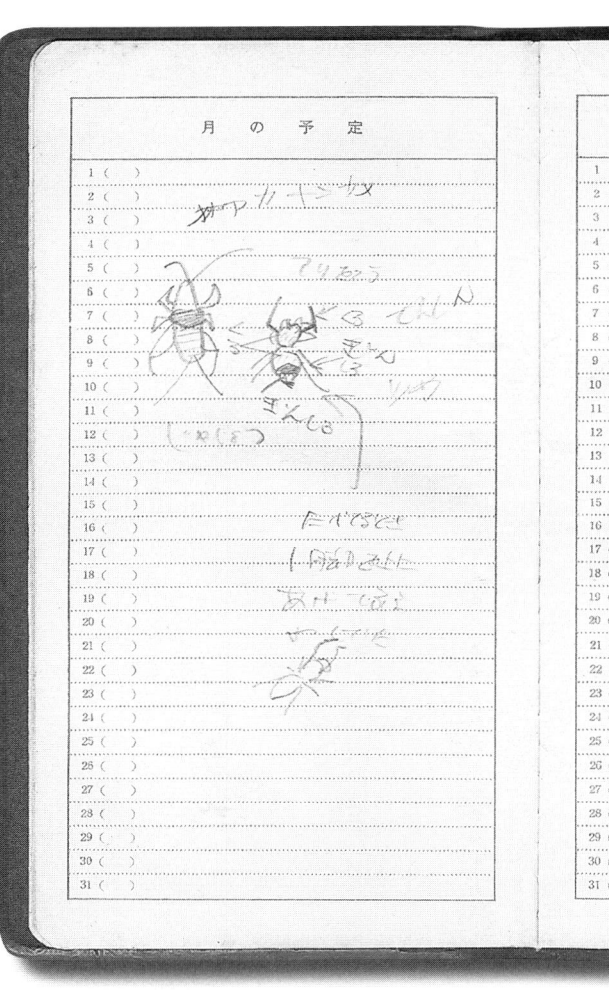

図7 フィールドノート
No.1
カネタタキと
アオオビハエトリを
スケッチしている

　オオビハエトリのスケッチには「アリを食う」というメモも添えられている。僕の欠点の一つに記憶力が弱いことがあって（だから昔のフィールドノートを見返すと、かなり新鮮な発見があったりするのだが）、このフィールドノートを見返すまで、アオオビハエトリがアリを捕食しているのを見たことがあることをすっかり忘れていた。実はこの徘徊性のクモがアリを捕食するのを知ったのは、割と最近になってからのことで、このことを知ったときに、アリを捕食する場面を見てみたいなどと思ってしまったものなのだが……。

こんな例はほかにもある。さらにフィールドノートをめくると、1978年5月27日のページが出てくる。このころの僕は、テントウムシにも興味を持っていたようだ。ビワの葉の上でヒメカメノコテントウを見たことが書かれている。このメモには、スケッチはついていない。さらにミカンではベダリアテントウの成虫を見たことが、ごく簡単なスケッチ入りで記録されている。このテントウムシは、オーストラリア原産のテントウムシで、1909年にイセリアカイガラムシの防除のために移入された外来種だ。フィールドノートには、この日、交尾ペアを見たことと、ベダリアテントウの蛹が「いっぱいある」ことが、これまた簡単なスケッチとともに書かれている。これを見て、また「そうだったのか」と思ってしまう。というのも、最近になってから、あらたにテントウムシに興味が出て、ベダリアテントウを見てみたいと思っているところだからだ。ところが、実家周辺を歩いてみても、とんと姿を見ない。しかし、自分のフィールドノートを見返すと、このテントウムシは1978年時点ではごく普通に見かける種類であったようなのだ。こんなふうに、自然を記録することは、ある意識があってなされる作業なのだが、あとから見返したり、別の興味を持つ他人が見直すと、記録当時や記録者の思いとは別の発見が含まれていたりすることがある。

2-4　ノートの種類

　小学生時代から生き物に「特別」の興味を抱いてしまった僕は、大学進学にあたって、理学部の生物学科を選択した。進学先は、千葉大学だった。中学生時代からのフィールドノートをつける習慣は続いていた。中学・高校とフィールドノートをつけている同級生には出会わなかったが、さすがに大学ではフィールドノートを持っている先輩は、普通にいた。その先輩からフィールドノート用に勧められたのが、コクヨの測量手帳だった。最初はLEVEL BOOK（セイ—80 N）を使っていた。深緑色の表紙が特徴的なノートである。このノートは縦160 mm、横85 mmと縦長で、ズボンのポケットなどにも入る点が便利だ。また、表紙が硬いため、手に持ってデータを書き入れたり、スケッチを描き込んだりする際にも、ほかの支えがいらない。このノートを

開くと、中には横線が引かれているため、数値のデータを書き込むときなどは使い勝手がいい。

　ただし、僕の場合、見た生き物のスケッチを描き込むことがしばしばあった。この場合、LEVEL BOOKの横線は、スケッチの邪魔になる。そのため、同サイズのSKETCH BOOK（セ－Y３）のほうが使い勝手がいいことがわかって以来、この手帳を愛用している。中には薄い青い線で方眼がきられているが、スケッチをするのにはじゃまにならない。

　ただし、フィールドノートにどんなノートを使用するかは、その個人個人での使い道によるだろう。濡れやすいフィールドにおいては、耐水性が重視されるだろうし、記録の整理のしやすさから、バインダー式のフィールドノートを使用するという手もあるだろう。僕の場合も、本格的なスケッチをする場合は、スケッチブックを別に持って歩く。

　さて、僕がこのコクヨの測量手帳を使い出したのは、1982年1月8日のことで、フィールドノートは9冊目になっていた。このときのフィールドノートを開いてみる。1ページ目は、大学の自然科学系のサークルで出かけた合宿で見た生き物の名前が羅列してある。

　「千葉・県民の森　キビタキ、カケス、アオジ、ウラジロ、ホラシノブ、コシダ、ツチグリ、コモチシダ、カナワラビの類（看板に、シダは80種類とある）、ウラジロガシ（葉は、なよなよ）、ムベ、スダジイ（葉の裏は茶色）、マンリョウ、タイミンタチバナ、シキミ（葉を切るとにおう）、イタビカズラ（葉は互生）、テイカカズラ（葉は対生）、イズセンリョウ、サカキ、ヒサカキ、ハコネシダ、ヘラシダ、アラカシ、フユイチゴ、カギカズラ、シャシャンボ、オオバノイノモトソウ、タチシノブ、ジョウビタキ、シイタケ……」

　シキミの葉のニオイや、スダジイの葉の裏の色をわざわざメモしているところから、このころの僕は、まだ木については普通種も見分けられず、先輩たちから識別点を教わり、フィールドノートにメモをしていたことがわかる。サカキとヒサカキの識別点としては、ごく簡単な葉の輪郭が添えられていた。両種ともツバキの仲間で、ツバキ同様、光沢のある常緑の葉をつけるが、サカキの葉には鋸歯がなく、ヒサカキの葉には鋸歯がある。生き物の識別点をメモするというのは、フィールドノートの使い方の基本の一つだろう。

2-5 筆記具の種類

　初めてコクヨの測量手帳を使用したフィールドノートを開き、ページをめくっていく。すると、1982年3月7日、大学から春休みで帰省していた、実家近くでの観察記録が残っている。枯れたメダケを割ったところ、中に袋状のものがいくつもあって、そのうち3つの袋から、越冬中のアオオビハエトリが見つかったという記録だ。袋の大きさは7 mmほど。クモの体長

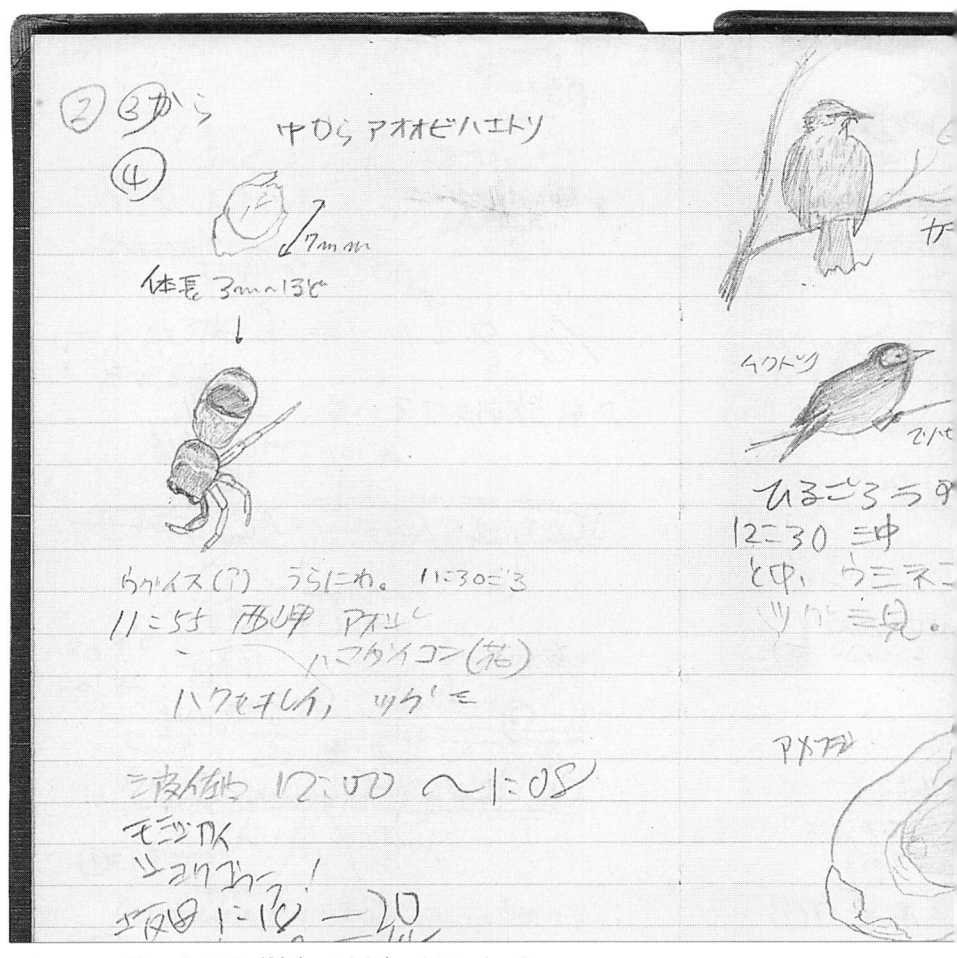

図8　フィールドノートNo.9　越冬中のアオオビハエトリのスケッチ

は 3 mm とある。このときのスケッチを見てみる。フィールドノート No.1 にもアオオビハエトリが描かれていたので、比較をしてみることができる（**図8**）。フィールドノート No.1 と比較したとき、改良されているのは、次のような点だ。

　○まず、体長 3 mm のクモを、ずいぶんと大きく描いている。
　○脚にも関節があることがちゃんとわかる。
　○また、スケッチでは体の右側の脚が省略されている（昆虫やクモの体は左右対称であるので、脚は半分だけでも十分であるのだが、そうした省略法を身につけたことがわかる）。

　ただし、このときのスケッチは、まだ改良すべき点も残されている。

　○実体顕微鏡を使っていないので、細かな特徴が判別できていない（特に脚の観察が、いいかげんである）。
　○鉛筆を使用していることもあって、細部の表現がしっかりできていない。

　こうしてまとめてみると、スケッチを描くときに、「細部まで見ること」と「細部まで描くこと」が重要であることがわかる。昆虫やクモなど小型のものが多い生き物の場合、実体顕微鏡を使用しなければ細部の観察ができず、スケッチが描けないものが多い。ただし、この章はフィールドノートに関する解説であるので、実体顕微鏡については後述する。野外でフィールドノートにスケッチを描く場合、そこまで細かな観察をするのは困難であるのだが、細部の表現をしっかりできるかどうかは、筆記具のいかんにもかかっている。肉眼やルーペで判別できる大きさのものでも、筆記具しだいで、細かなスケッチが可能にもなるし、大雑把なスケッチしかできない場合もある。
　僕はうっかりものでもある。大学進学にあたっては、昆虫など小動物の生態を研究してみたいという思いがあったのだけれど、僕が進学した大学には、植物生態学の講座しかないことを、入学後に知った。やむなく、僕の専

攻は植物生態学ということになってしまった。大学3年生の夏休み、先輩が屋久島の杉林の調査をするというので、その手伝いとして2カ月間、屋久島の山中でキャンプ生活をした。そのときのフィールドノートが5冊残っている。僕は調査の合間に、屋久島山中で見かける生き物を、できるだけスケッチしようと思い立つのだが、このときのスケッチから、僕はあらたな筆記具を使用することにした。それが、製図用のペンであるロットリングだ。このときから、フィールドノートにも、鉛筆描きのスケッチと、ロットリングを使用したスケッチの両方が登場するようになる（**図9**）。

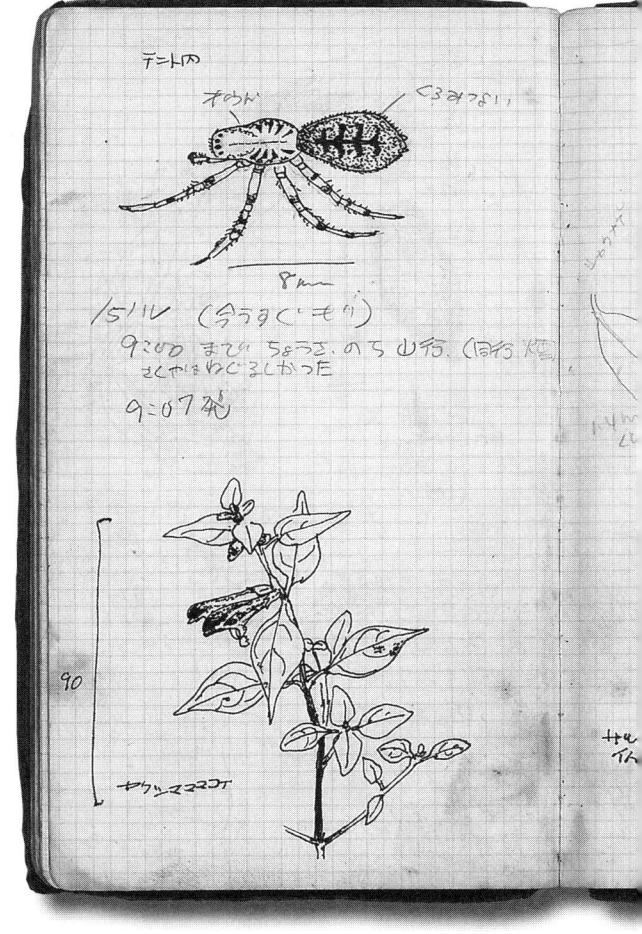

図9　フィールドノートNo.16

　ロットリングを使用することにより、鉛筆画よりもずっとシャープなスケッチができるようになった。同じ生き物をスケッチしても、鉛筆とロットリングではずいぶんと表現が異なる。もちろん、鉛筆の表現力の可能性の幅はとても大きい。けれど、鉛筆の表現力は可能性の幅が大きい分だけ、うまく使いこなすには、技量が必要となってくる。最たるものが、美術における石膏デッサンである。これに対し、ロットリングは鉛筆に比べると表現力が限られているが、その分だけ誰が使ってもある程度の表現は描き表せる（端的にいうと、うまく見える）。

また、シャープなスケッチが可能になるということは、それだけいいかげんなスケッチができなくなるということでもある（結果として細部まで描き込むようになる）。
　筆記具も、使用する目的によって、何が適しているかは異なっている。鉛筆にも適性がある。鉛筆のすぐれた点は、まずもって手に入れやすいことがあげられるが、フィールドで使う場合、雨にも比較的強いという長所がある。スケッチをする場合でも、風景をざっくりと表現する場合や、動き回る動物などが対象の場合は、鉛筆が使いやすい。もちろん、鉛筆の最大の特徴は消しゴムで消せることであるので、スケッチの下絵は鉛筆を使用する。この応用としては、フィールドでは鉛筆描きをしておいて、家にもどってから、ゆっくりとペン入れをするという方法もある。一方、鉛筆の弱点は、こすったりすると線がかすれてしまうことと、ペンに比べると線の色が薄く、特徴がぼやけてしまうことである。

2-6 ロットリング

　本書では生き物の本格的なスケッチについて、おもにロットリングを使用して描くという技法について紹介していく。そのため、ここではフィールドノートの筆記具に関連して、ロットリングが登場したのであるが、もう少しこの筆記具について説明を加えておきたい。
　製図用のペンであるロットリングは、おもにレタリングなどに使用するイソグラフと、線を描くときに使用するラピッドグラフの2種類に大別される。スケッチをする場合に使用するのは、ラピッドグラフのほうである。以前は、ロットリングは大学生協や街の文房具屋でも取り扱っていたのだが、パソコンの普及とともに、文具の専門店などでなければ手に入らなくなってしまった（ネットで注文ができる）。ロットリングはニブと呼ばれるペン先の部分と、軸やキャップ、それに付け替え用のインクカートリッジからなっている。最初は軸とキャップにニブがつけられた箱入りのセットを買うといいだろう。ロットリングの特徴は、付けペンと異なり、いつでも同じ太さの線が引けるという点にあるのだが、ペン先がやや詰まりやすいという弱点が

ある。そのため、使用頻度の高い口径のニブは、いくつか余分に用意しておいたほうがいい（軸やキャップが壊れることはめったにない）。

　ロットリングは、ニブの種類によって、線の太さが決まっている。線が太いほうが滑らかに描けるが、一方で細かな特徴を描き表せない。線が細いと、点描などの描写が可能となるが、あまりに細かなものだと輪郭を描くのには適さず、また細い口径のニブほど詰まりやすい。そのため、何種類かの口径のロットリングを用意しておくのが便利である。ただ、あまりに使用頻度が低いと、これまたニブが詰まりやすくなるため、必要以上にあれこれ口径をそろえてもむだとなってしまう。いろいろと試した結果、僕は普段は2種類の口径のロットリングを用意して、スケッチを描いている。一つは、口径が 0.2 mm のもので、これで生き物の輪郭を描く（屋久島のフィールドノートのときは 0.3 mm のものを使っていたが、使っていくうちに、これではやや太いと思えるようになったため、もうひとサイズ細い口径のものを使うようになった）。もう一つは、口径が 0.13 mm のもので、これでたとえば植物なら葉の葉脈を描くし、そのほかのものでも点描はこの口径のロットリングを使用する。

　ロットリングの描き味を知ってからは、フィールドノートにスケッチをする際にも、ロットリングを使用するようになった。もっとも、ロットリングは普通に文字を書くのには適していないので、フィールドノートでも文字を書く場合はそれまでどおりの鉛筆を使用したり、ボールペンを使用したりした。ただ、ロットリングはどちらかといえば、室内で時間をかけてスケッチをする際に適した筆記具であると思う。特にロットリングの構造上、飛行機などに乗って周囲の気圧が変化してしまうと、インク漏れを起こし、以後、そのロットリングは使い勝手が悪くなってしまう。そのため、僕自身は最近、ロットリングを野外には持ち出さないようになった（ロットリングはなかなか高価なものでもあることもその理由の一つだ）。かといってロットリングにかわる、フィールドで使える、シャープなスケッチ用の筆記具に、すぐれたものを見つけ出せていないので、これはまだ僕自身があれこれと、さまざまなものを試している段階である。

　付け加えると、僕は最近、植物の民俗利用を聞き書きする調査が多くなっ

ている。そのため最近のフィールドノートにはスケッチがまったく登場せず、文字ばかりが殴り書きされている。ちなみに、これはテープレコーダーを使わず、お年寄りから聞いた話を、その場で聞き書きする方法をとっているためである。聞き取りをその場で書き取るためには、高速で筆記できる筆記用具が必要になってくる。この目的で、僕がよく利用しているのが、三菱の耐水性のペン、uni-bal UB-155だ。このペンはこうした目的にはすぐれているのだが、このペンでスケッチを描こうとすると、普段使っているロットリングよりも線が太く、全体的にスケッチの切れ味が悪くなる。が、鉛筆同様、野外においての植物のざっとした生育状況や、動き回る動物を描くには、ロットリングよりもすぐれているので、スケッチをする際にこのペンを使用する場合もある。図5のタヌキのため糞のスケッチは、野外において、フィールドノートに大まかな構図をuni-ball UB-155で描いたものだ。その後、家にもどってから、細かな部分をロットリングで加筆している。

2-7 フィールド

　フィールドノートはむろん、どのようなフィールドであるかということや、どのような目的の調査や観察をしているかによっても、その内容が大幅に異なってくる。

　中学3年生からつけ始めたフィールドノートは、試行錯誤から始まった。大学入学後、しばらく僕のフィールドノートは、山行記録ばかりだった。大学3年生のとき屋久島の森で調査の手伝いをしていたときは、調査の合間にできるだけ屋久島の生き物をスケッチに残すということを目的としていたので、当時のフィールドノートを開くと、生き物のスケッチが随所に出てくる。一方で、大学4年生のとき、自身の卒業研究に使用したフィールドノートの中身は、計測データばかりである。僕の卒業研究のテーマは照葉樹林の森の構造解明にあったので、実家近くの森に通い、毎木データ（木の種名、位置、胸高直径……）をひたすらフィールドノートに書き込んでいたのである。その僕は、大学を卒業してすぐに、埼玉の丘陵地に建つ私立学校に理科教員として就職した。

僕が就職した私立学校は、雑木林に囲まれた台地上につくられた新設校だった。設立の理念も、「生徒の自主自立を重んじる」、一風変わった学校であった。この学校はまた、「授業がすべて」という理念も掲げていた。校則やテスト、通知表で縛るのではなく、授業の中身において、生徒たちを惹きつけ、成長を手助けすることを目指した学校であったのだ。逆にいえば、授業の中身が充実していない場合、生徒たちの不満をとどめる手段を教員は持ち合わせていないということになる。就職をしたとはいうものの、大学を出たての新米教師には酷な現場であった。

　「自分は、自然のことをまるで知らない」

　痛切に思ったのは、そのことである。理科の教員として教壇に立ったものの、教えるべき中身をともなっていないということを、泣き出したくなるほどうまくいかない授業の現実から、思い知ったのだ。

　かくして、学校周辺の雑木林で見かける生き物のことをかたっぱしから見ていくことにした。武器は、フィールドノートと筆記用具である。

図10　フィールドノート No.94
コガネタケのスケッチ（ロットリング）
と生徒たちとのやりとりメモ

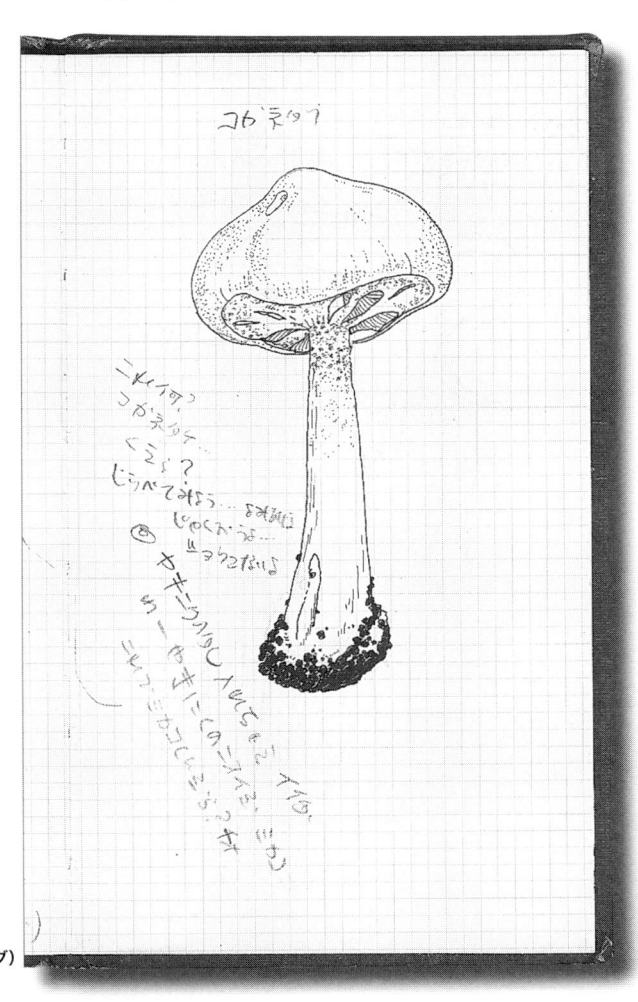

しばらくするうち、僕は日々、もう一つのフィールドに立っていることにも気づくようになった。それが、学校というフィールドである。学校にはさまざまな生徒たちが集まっている。生き物好きの生徒もいるがそれは少数であり、ほとんどの生徒たちは生き物に特別な興味関心を持っていない。しかし、そうした特別な興味を持っていない生徒たちであっても、ふと生き物を目にする機会はあったし、いやおうなしに出会った生き物たちに対して、疑問を持つ場合もあった。そうしたさまざまな生徒たちが発する、生き物についての疑問や発見をフィールドノートに書きとどめることにしたのである。つまり、僕のフィールドノートは、自分なりに身近な自然をとらえるための道具としてだけでなく、生徒たちがどのように身近な自然を認識するのかを記録するものとしてもあったということだ。一例として、キノコのスケッチと、そのキノコを目にしたときの生徒たちのやりとりを記録したフィールドノートをあげておきたい（図10）。
　生徒たちとのやりとりは、以下のようであったことが、このときの記録からわかる。

　これ何？（生徒）
　コガネタケ（僕）
　食える？（生徒）
　調べてみよう（僕、食用という、図鑑の記述を読み上げる）
　じゃ、食おうよ（生徒）
　醤油ないよ（生徒）
　焼き肉のたれを入れちゃえ（生徒：イイダ）
　わー、焼き肉のにおいだ（生徒：ミカコ）
　(中略)
　おいしい？（チオ）
　というか、焼き肉のたれの味。歯ごたえいいよ（ミカコ）
　(以下略)

　さて、このように僕は、おもに雑木林と学校という二つのフィールドに

おいて、自然観察をおこなってきた。僕は15年にわたってこの学校で教員を務めていたのだが、その間に身につけた生き物のスケッチを取り入れた観察法を、次章以降、より具体的に紹介していく。

3 生き物スケッチの技法

3–1 通信の作成

　高校の教員として就職すると決めたとき、僕には一つ、やってみたいことがあった。それが理科通信を発行することである。

　これは欠点なのかどうか判断に苦しむところだが、僕にはややへそ曲がり的な面がある。大学4年生のときに、就職先として高校の教員を選択した際、普通の教員になりたいとは思わなかった（欠点が多すぎて、普通の教員にはなれそうもなかった）。そこで化学の教員をしている父に、生物の教員で「おもしろそうな人」を紹介してもらうことにした。紹介されたのが、当時、習志野高校の生物教員をしておられた岩田好宏先生である。さっそく先生の学校を訪ね、授業を見学させてもらって驚いた。

　先生は、教科書などには頼らず、自作のテキストを使って授業を進めていた。強烈な印象として残っているのが、授業中、アルマジロの剥製を生徒たちに回して見せていたことだ。授業では生徒の私語もまま見られたのだが、先生はあまり気にもされず、授業を進めていた。ところが、ふと見ると、アルマジロの剥製が回ってきた生徒たちが、熱心にアルマジロに見入っていた。理科の授業には、実物教材こそ重要なのだという先生の狙いが、この光景からしっかりと伝わってきた。理科準備室の有様もまた、強烈だった。とにかく、乱雑にものが積み重なって、まさに足の踏み場がない。シンクには緑色の藻がうっすら生えかけたウシの頭骨が水に浸かっている。あっちには火起こしに使うセイタカアワダチソウの茎（きりもみ式の火起こしをする際に、この植物の枯れた茎が有効なのである）があるかと思えば、こっちにはネコジャラシの穂（ネコジャラシ……つまりエノコログサはアワの原種で、食べることができる）が積まれている。こんな有様だった。こうしたもろもろのものが、実際にどのように授業で使われるかまではわからなかったが、普段から

実物にふれる機会の多い授業がなされていることが容易におしはかられた。

「ああ、こんな先生になりたいな」と僕は思った。

この岩田先生がやっておられたことで、もう一つ印象的だったのは、同僚の先生たちと『実籾の四季』と名づけられたB4判の理科通信を発行されていることだった。たとえばその第1号では「ハルジオンの季節になりました」と「シロアリの有翅虫とびたつ」という二つの話題が、スケッチ入りで紹介されている（岩田先生は植物が専門なので、このうちハルジオンの記事を担当されている）。

僕は、岩田先生を目指して教員となった。骨格標本もつくったし、ネコジャラシを生徒たちと食べてもみた。もちろん、理科通信を発行しようと思ったのも岩田先生の影響だ。

しかし、まねをしようとしてもそのとおりにならないことも多かった。が、それこそが、結果として、自分なりの授業をつくりだすことにつながっていった。通信も、実際に発行してみると、岩田先生らの『実籾の四季』とはずいぶんと異なった趣のものになっていった。

僕の発行した理科通信の題名は『飯能博物誌』というものである。そのスタイルは『実籾の四季』同様、B4判で、スケッチ入りのものだ。通信の題名は、僕が大学を卒業後、就職した私立学校が、埼玉県の飯能にあったためだ。

3-2 「伝えること」と「伝わること」

スケッチをしたら、できるだけ人に見せるといい。うまい、へたにかかわらず、描き上げたスケッチを人に見せることで、見せた人たちの反応から、何をどう描いたらいいのかが、わかってくる。この点についても、自身の経験を少し紹介することにしよう。

『飯能博物誌』の創刊号は、「春。まず舌先から春を感じよう」と題して、学校周辺の食べられる野草を紹介したものだった。発行年月日は1985年4月18日。大学時代からすでにロットリングによるスケッチをし始めていたのにもかかわらず、この創刊号の原画は鉛筆描きされている。そのため印刷

のしあがりがあまりよくない。また、スケッチもかなりラフなものであった（**図11**）。引き続いて No.2 は、翌月の 5 月 30 日に、学校周辺の林で、中学生の生徒たちが見つけてきた、サトイモ科のテンナンショウの仲間のスケッチを全面に描いたもの。これも鉛筆描きであったため、印刷したものは線がかすれてしまっている。『飯能博物誌』の発行は、一度ここで挫折する。No.3 が発行されたのは、半年以上たった 12 月 18 日になってからのことだ。

　なぜ、No.2 と No.3 の間に、半年ほどのブランクがあったかというと、せっかく発行した理科通信が、配ってしばらくして、教室の床にゴミとなって散乱しているのを見て、ショックを受けたことによっている。

　しかし、しばらくして、自分にはショックだったこのできごとの理由をよく考えてみた。思い至ったのは、僕の理科通信は、教員の側の「伝える」という思いばかりが先行しているものだった……ということだった。僕の描いた通信は、ひとことでいえば、「おもしろくもなんともないもの」であったのだ。

　授業と同じことである。教員の「伝える」という思いは大事である。かといって、教員に「伝える」という思いがあれば、生徒たちはおとなしく聞いているかというと、そんなことはない。伝えても、伝わらない場合など、いくらでもある。何をどのようにしたら、生徒たちに思いが「伝わる」のか、ということこそ大事であるのだ。しかし、先に書いたように、僕は何よりも、伝えるべき内容を持っていなかった。

　やがて、僕はフィールドで見つけたことをフィールドノートに記録し、その内容が、人が見てもおもしろいと思ってもらえそうなものであるときに、あらためて、スケッチと文章からなる通信を発行するようになった。スケッチはフィールドノートのスケッチをコピーして貼るときもあれば、フィールドノートとは別に、持ち帰った生き物などを通信用に描き下ろす場合もあった（通信を教室で配布することはやめることにし、図書館においてもらって、興味を持った生徒が手に取るというスタイルに変更した）。

　以後、通信はコンスタントに発行を続けることができた。さらに、ときおり、通信を読んだという生徒が、「こんなものを見つけたよ」と僕のところに生き物を届けてくれるようにもなった。

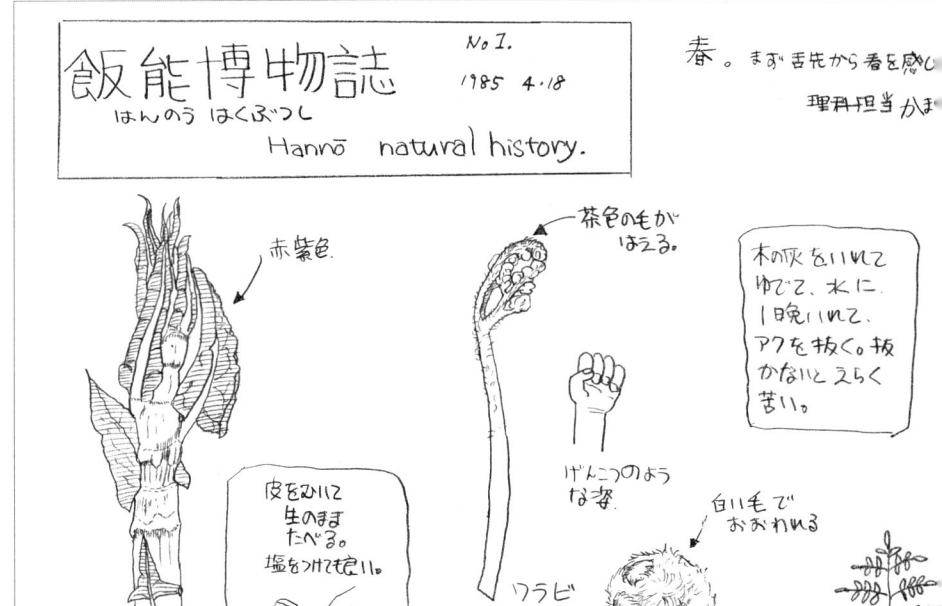

図11 『飯能博物誌』創刊号

　結局、飯能の学校に勤務していた15年間で、僕は通算1400号の通信を発行するまでに至った。

3-3 描きたいものを描く

　通信を描き始めて、わかったことがある。それは、スケッチを描く一番大事なコツが、「描きたいものを描く」ということであるということだ。この点は、これからスケッチを始めようという人にとっては、特に重要である。「描きたいものを描く」ことは、何よりも、描くことの抵抗感を減らすものであるからだ。

　人によって、何を描きたいと思うかは別だろう。昆虫を描きたいと思う人もいれば、植物がいいという人もいると思う。僕の場合は、「何を描きたいと思うか」ということと、学校という僕が関わっていたフィールドとが深く関わっている。もちろん、自分の好みの生き物の分類群というものもあるのだが、それに加えて、生徒たちがおもしろがりそうなものを「見つけたい」「記録したい」「伝えたい」という思いが強かった。

　僕が学校で発行していた通信、『飯能博物誌』で見てみることにする。『飯能博物誌』は前述のように、No.3 からスタンスを変えた。つまりは、より描きたいものを描くというスタンスに切り替えたのだともいえる。そして、書き始めて1年ほどした No.24 を描いたときに、僕は特に強く「描きたい」と思う対象物に出会っている。そのため、ここではそれを例にしてみることにしたい（**図12**）。

　4月。新年度にあたって、僕は担当する中学生の理科の授業で、タンポポを教材として扱うことにした。

　タンポポは身近な植物の代表といってもいいだろう。しかし、そのぶん、

図12
お化けタンポポ
(『飯能博物誌』
No.24 1986
年5月10日号
より)

生徒たちから「なんだ、タンポポなんて」といったイメージを持たれやすいものともいえる。こうしたイメージを壊すために、僕は生徒たちに、まず、タンポポの花をてんぷらにして食べてもらうことにした。「タンポポなんて食べられるの？」という驚きが、「知っている」と思っていたものが、実は「知っているつもり」であるにすぎないと気づくきっかけになってほしいと思ったのだ。タンポポに限らず、「知っているつもり」に気づくということ

こそ、自然観察の基本であると思う。

　さらには、タンポポの花（正式には頭花といい、本当の花がたくさん集まったもの）をばらばらにして、いくつの花からできているかを数えたり、学校周辺を歩き回ってセイヨウタンポポとカントウタンポポの分布調査をしたり……。生徒たちが、なるべく実感をともなえるように、授業の中で、実物のタンポポをいじる機会を多くする工夫を凝らしていった。

　そんな授業をしていたとき、中学生の生徒が「すごく茎の太いタンポポがある」と見つけてきたものが、スケッチしたタンポポである。帯化奇形と呼ばれる異常形のセイヨウタンポポである。奇形となる理由はこのときはわからなかったが、とにかく圧倒的に奇妙な姿をしているタンポポであった。このタンポポこそ、てんぷらにまして、生徒たちの「なんだ、タンポポか」といったイメージを、一気に打ち破る迫力を秘めていそうに思えたものだった。

　こうした理由で、このタンポポは強烈に、僕の絵心をくすぐることになった。さっそく、摘んで帰って、職員室でスケッチを始めることにした。が、さて、いざスケッチをするとなると、描くのはなかなか大変そうだ。それでも、このタンポポをスケッチにして残しておきたいという思いのほうが、「大変そう」という思いを凌駕した。そこで、紙を広げ、スケッチを始めることにする。

　実際に描いていたときの目や手の動きは覚えていないのだけれど、ここで「お化けタンポポ」（生徒たちが帯化奇形のタンポポにつけたあだ名）のスケッチのしかたを再現してみようと思う。

3—4　下絵の描き方

　理科通信を描く場合、コピー用箋と呼ばれる用紙を僕は使用している。この「お化けタンポポ」のスケッチも、コピー用箋（たとえば、コクヨのコヒ—5Nなど）に描いている。この用紙を使うのは、ロットリングでも書きやすい紙質であることと、方眼がきってあるので、通信にする場合は文字を添えやすいことからだ（あとで説明をするように、この用紙は、昆虫のスケッ

チをする場合、便利でもある）。比較的安価であり、紙が薄いことから、大量にスケッチを描く場合も金銭的な負担にならないし、保管にも場所をとらない。

　まず、下絵を描く。

　使うのは、鉛筆である。僕の場合は、0.5 mm のBの芯を入れたシャープペンシルを使っている。HやHBだと、芯が硬く、滑らかな線が描きにくいし、下絵を消すときに、下絵の跡が紙に残りやすいからだ。が、芯の硬さに関しては、個々人の好みもあるだろう。

　下絵を描く場合、まず、ざっと絵の位置を決めるための外枠をぐるりと描く。「お化けタンポポ」の場合は、実物大であるから、それほどこの外枠については重要ではないが、実物より拡大して描く場合や、逆に縮小して描く場合は、どのくらいの大きさで描くのかを最初に決めておかないと、スケッチが紙からはみ出してしまう場合がある。

　外枠が決まったら、実物を見ながら輪郭を描いていく。「お化けタンポポ」の場合なら、綿毛、ガク、茎といった部分であるわけだ。ここで大事なのは（あくまで僕のスタイルなのだが）、下絵は本気で描かないということだ。僕には飽きっぽいという欠点がある。せっかく描きたいものを描いても、下絵で本気になってしまうと、ペン入れをする気力がなくなってしまいそうなのだ。本気になるのは、あくまで本番のペン入れのとき。だから、下絵は、ざっとスケッチのバランスがわかる程度で描けばいいと思っている。ただし、下絵を描きながら、どこがどうなっているのかということは、十分に観察する必要がある。たとえば、「お化けタンポポ」の場合、茎が平たくなって（それがねじれたり切れ込んだりしているので、複雑に見える）、その茎の上に花の塊がついている。普通のタンポポの頭花が、何個分も、横一列に並んでいるような状態になっている。そうしたつくりを理解するということが、下絵を描くうえでの大事な意味である。もう一つ、場合によってではあるが、下絵に十分な時間をとらない理由がある。それは対象が植物である場合など、スケッチをしている間に、どんどん萎れてしまうような場合があるからだ。こうしたときは、時間との勝負となる。

　下絵を描くといっても、「お化けタンポポ」など、いったいどこから描き

始めたらいいのだろう？　と思うかもしれない。その答えは、どこから描いてもいいというものだ。ただ、どこから描いてもいいとはいっても、茎の一番下からは描かない。描きやすいところというのは、やはりある。僕の場合なら、横一列に並んだ頭花の真ん中あたりのガクから描き始める。

3–5　ペン入れ

　下絵はどこから描いてもいいのだが、どこから描くと描きやすいかは、何枚かスケッチを重ねるうちにわかってくると思う。というのも、下絵のあとに、ペン入れをおこなうわけだが、そのペン入れをする順番と同じように下絵を描くのが、下絵の描きやすさであると思うからだ。

　ペン入れは、「お化けタンポポ」のスケッチの場合、やはりロットリングを使用している。ロットリングの太さは、前章で紹介したように、基本的に太いもの（現在は 0.2 mm を使用しているが、このときはまだ 0.3 mm を使用している）と細いもの（0.13 mm）の 2 種類である。

　ペン入れをする際は、基本的に太いロットリングでまず輪郭を描き、その後、細いロットリングで細部や点描を描き込むという順番になる。先に、下絵の際、「お化けタンポポ」では頭花の真ん中あたりのガクから描き始めると書いたのは、ガクは太い線で描く必要があるが、その上の綿毛は、細い線で描かないと、感じが出ない……つまりは、綿毛から描き始めるのは難しいからだ。

　ガクにペンを入れ終わったら茎にとりかかる。このとき、スケッチをした「お化けタンポポ」の茎は複雑にねじれているので、注意が必要だ。ここで、紹介したいポイントは、陰影のつけ方についてである（この点は、何度か繰り返して説明が必要となる点なので、後の解説も参考にしてほしい）。

　茎の輪郭を太いロットリングで描いていき、陰影は細いロットリングで点を打つというのが、陰影のつけ方の基本である。が、コツとして、影は徹底的に黒くするということが大事である。コントラストがはっきりしているスケッチのほうが、何が描かれているのかはっきりわかるからだ。このため、一番影が濃い部分は、点描ではなく、真っ黒く塗りつぶしてしまう。その次

図13　タンキリマメ

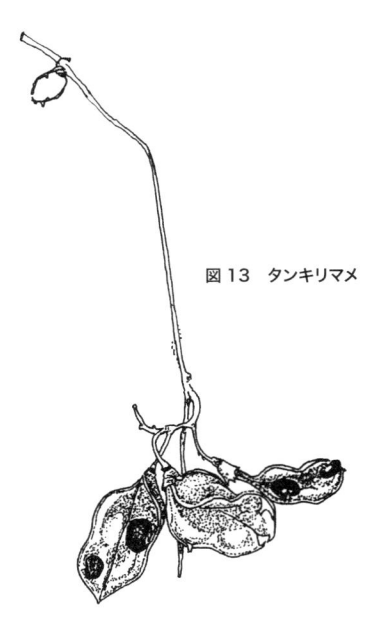

に影が濃い部分は、太いロットリングで点描をしてから、細いロットリングで点描を加える。こうすることで、0.13 mm のロットリングだけによる点描部分よりも、より黒くなる。

　もう一つ大事なことがある。それは点描をしすぎないことである。影の部分は十分に黒くする反面、明るい部分は、点描をしすぎないように注意する。そのことで、よりコントラストがはっきりしてくるからである。点描を打っていると、ついつい全面に点描を打ちたくなってしまうので、ときどき点を打つ手を休めて、バランスを見て取ることが必要である。

　参考としてあげるのは、僕が大学生のときにロットリングを使って描いたタンキリマメのスケッチである（**図13**）。

　ダメだしは、以下の点だ。

○何より、輪郭も点描も同じ 0.3 mm のロットリングを使っているため、輪郭と陰影が見分けづらい。

○種子ははっきりと黒く塗られているが、点描部は、ほとんどが一様な点描のしかたなので、コントラストが小さい。もっと、黒くするところと、もっと明るくするところを描き分ける。

3-6　描きすぎないというコツ

　点描についてと同じ注意点が、「お化けタンポポ」のスケッチの場合、綿毛の部分にもいえる。

　生き物のスケッチをするにあたって、見えるものをそのまま描いてはいけない場合があるというのは、重要なコツである。

図14　漫画の表現方法

　生き物のスケッチの場合、見えるものをそのまま描くことが原則ではあるのだけれど、「伝わる」スケッチを目指す場合、見えるものをそのまま描くと、「ダメ」なスケッチになってしまいかねない場合がある。たとえば「お化けタンポポ」の綿毛をどう描くか？　綿毛というのは、細かく見ると、タンポポの一つ一つの果実から細長い柄が伸び、その先端に傘状に細かな毛がついているという構造になっている。いわゆる綿毛がまだ茎についている状態というのは、こうしたものの集合体なわけである。かといって、果実に生える毛をすべて描いてしまうと、綿毛の部分が「重く」なって、全体の印象が、かえってタンポポらしくなくなってしまう。綿毛はたくさんの毛からなっているのだが、その毛は細かく、「軽い」感じであることを表現できたほうがいい。そこで、綿毛の毛をどこまで描き込むかが、勝負になる。逆にいうと、この綿毛を描くところが、このスケッチを描いていて、一番楽しいところだ。「ここまで線を描いてもいいかな？」という加減を見ながら描いていくわけだ。生き物のスケッチには、こんなふうに見えたものをそのまま描くという面と、見えたものをどのように描いたらそれらしく見えるかデフォルメをほどこすという面の両面がある。

　スケッチをするうえで、タンポポの綿毛と同じような扱いが必要なものに、たとえば動物の毛や、鳥の羽毛などがある。葉脈なども同様である。こうしたものを、どのように処理するかが、スケッチをするときの大きなコツであるというわけだ。「どうやって、スケッチをしていいかわからない」と悩むときは、この処理のしかたがわからないというふうに、いいかえてもいいと思う。

　漫画を例にあげてみよう。
　漫画の中の人物には、感情を表す、独特の表現がある。参考にあげた図

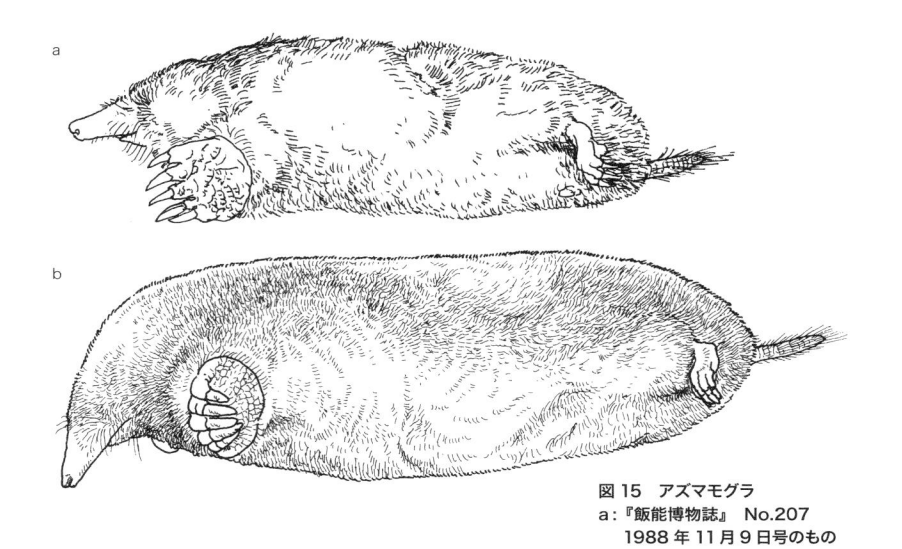

図15　アズマモグラ
a：『飯能博物誌』 No.207
　　1988年11月9日号のもの
b：1993年12月9日のスケッチ

を見ていただけば、描かれた人物がどのような感情下にあるかはすぐにわかるだろう（**図14**）。漫画における怒っている人間の額に描かれるマークは、怒って青筋が立っている様子をデフォルメしたものだ。わかりやすい表現をするために、こうしたデフォルメをほどこすということが、「処理をする」ということである（漫画は、生き物のスケッチをする際に、大きなヒントを与えてくれる存在である）。

　ここで参考としてあげるのは、生徒が拾ってきた、ネコにかまれて死んでしまったモグラのスケッチである（**図15**）。ずいぶんと前に描いたスケッチなので、ダメだしをしたい点がいくつかあるが、それはさておく。このスケッチを見ると、全身の体毛を描き込んでいないことがわかると思う。先のタンポポの綿毛同様、全身に毛を描いてしまうと、かえって、平板なイメージを与えてしまうので、体の中心部の毛を描かず、影にあたる部分の毛を描き込むという処理をしたというわけである。なお、参考までに、このスケッチをしてから5年後に、同じくモグラをスケッチしているので、そのスケッチも同時にあげておきたい。5年の間に、体毛の表現一つとっても、格段の進歩が見られ、よりモグラらしく描けるようになっていることがわかる。

3-7 スケッチの三法則

　生き物の世界の魅力は多様性にある。逆にいえば、限られた時間の中では、とうてい見尽くせないほどの世界がそこにある。つまり、観察をするなり、スケッチをするなりという場合、何をどこまで見て描くかを決める必要があるといえる。

　森の中を歩くと、さまざまな生き物が目に入ってくるだろう。そのすべてを見ることはできない。たとえば目の前の虫の行動にくぎづけになれば、その先の花にきている虫のことは無視せざるをえない。そのため、あらかじめ「今日は何を見にいく」と決めて森を歩くこともあるし、いきあたりばったり歩きながら、心惹かれる生き物に出会ったら、腰を据えての観察に切り替えるというやり方をする場合もある。同じように、スケッチをする場合でも、描いているスケッチに、どのくらいの手間と時間をかけるかは、自分で決めなければならない。生き物は自然物であるから、細部を見ていくと、見れば見るほど限りはない。つまりスケッチにいくらでも時間をかけることは可能だろう。たとえば、虫なら虫で、体に生えている毛、1本1本をおろそかにせずにスケッチしようと思えば、時間はいくらでも必要となる（その場合、"生"の素材をスケッチするわけにはいかなくなる）。一つのスケッチに時間をかければ、当然、多くのスケッチを手がけることはできなくなる。

　大学3年生のとき、屋久島の森に2カ月滞在していたときは、僕の目的は「できるだけ多くの種類の生き物のスケッチを残す」というものだった。そのため、葉っぱ1枚だけでもスケッチをした。調査の合間に描いたスケッチであったということもあわせて、一つ一つのスケッチの精度は荒いものだった。その反面、2カ月間でスケッチした生き物の種数は合計で333種にのぼった。

　つまりスケッチをする場合、その精度は場合によって、バラバラでいい（もちろん、枚数は少なくてもいいから、精度の高いスケッチだけを描くという選択もありうる）。また、1枚のスケッチの中にも、精度に意識的なムラをつくるというやり方もある。この例をあげる。一つめがモクゲンジのスケッチである（**図16**）。モクゲンジは寺などに植栽されることの多い木である。

図 16　モクゲンジ

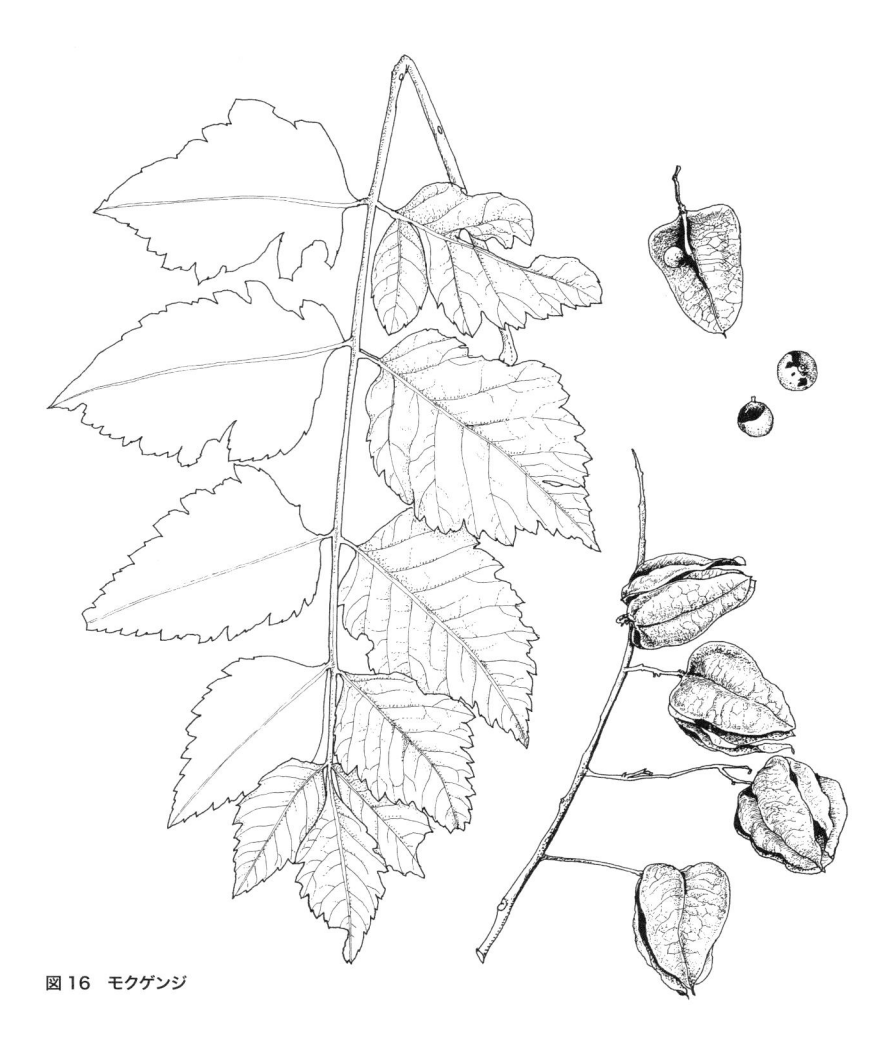

　ここでは、モクゲンジの葉と実をスケッチしているが、図示したものは、羽状複葉と呼ばれる形態の1枚の葉の半分にしか葉脈を描いていない。葉脈のパターンは複葉の半分描けば、十分に全体がわかるからであり、この省略で、いくぶんかの時間を生み出せている。場合によっては、植物の葉のうち、一部の葉にのみ葉脈を描き、あとは省略するという方法もとりうる。この具体例は4－1を参照されたい。

　なお、どこまで省略するかは、いろいろあろう。モクゲンジの葉の場合、

羽状複葉の片側の小葉を、輪郭を含めてすっかり描かないという省略方法もありうる。この場合、羽状複葉の片側にある小葉をまったく省略してしまうのではなく、小葉の付け根の部分だけは描く。図示されたモクゲンジの葉を見てわかるように、羽状複葉というものはおおむね左右対称ではあるが、葉の中心の軸から完全に左右対称に小葉が出ているわけではない。そのため、小葉の付け根だけでも描くことで、実際には小葉がどのようについているかが、再現できやすくなる。

　また、スケッチにした場合の見栄えという側面を考える場合もある。見栄えを考えた場合、片側の小葉は輪郭だけを描くより、小葉の中心の葉脈だけは描いてあるほうが、「かっこうがいい」スケッチに見える。先に、フィールドノートに描かれたクモのスケッチを例にひいて、節足動物の片側の脚を省略して描かない方法もあることにはひとことふれたが、この場合も、スケッチの見栄えからすると、片側の脚も輪郭だけは描いてあったほうが、「かっこうがいい」。

　鳥や哺乳類の場合なら、輪郭にどこまで羽毛や毛を描くかが勝負どころであると書いたが、時間のない場合など、頭部だけでも細部まで描いておくと、それなりに見える。なお、鳥のスケッチの具体例は、4−4で紹介する。

　さて、ここまで書いたことを少しおさらいしてみる。まず大事なこととして2点があげられる。

　描きたいものを描く。
　描きたいところから描き始める。

　何はともあれ、スケッチをすることへの抵抗感をなくすことが、必要なことである。加えて、もう2点、大事なことがある。

　何をどこまで描くか（どのくらい省略するか）は自分で決める。
　何をどんなふうに描くか（どんな処理をするのか）も自分で決める。

　スケッチをするということは、自然を記録するということであるのだが、

それは観察者の主観が入っているものであるという点を、きちんととらえる必要がある。また、この点をはっきりと認識をすることで、「生き物の、そのままの姿を描くなんて無理」といったスケッチに対する抵抗感が、減少するのではと思う。

つまり生き物のスケッチをする際の要点をひとことでいい表すと、自分なりのウソのつき方を身につけるということになる。

ウソのつき方については、次の三法則がある。

　1・ウソは、はっきりとつく
　2・ウソのつき方をうまくする
　3・ウソはつきとおす

3-8 三法則の具体例

先に「描きたいものを描く」という原則についてふれた。ただし、好みとは別に、「描きやすい生き物」と「描きにくい生き物」というものはある。

この本では、線画を中心にした生き物のスケッチを紹介している。線画によるスケッチをする場合、形がはっきりしているもののほうが、形をとりやすい。そのため、初心者でも比較的スケッチをしやすいものが、植物や昆虫である。昆虫がスケッチの素材としてすぐれているのは、形がしっかりしていることに加え、特に甲虫やチョウなどは、標本にしても色形をよく残している点がある。つまり、標本をつくっておけば、描きたいときにスケッチの素材として、いつでも標本を使用でき、時間がないときは、途中でスケッチを中断することも可能であるのだ（いくらでもスケッチに時間をかけられるということでもある）。また、昆虫を描くときに必要とする技法は、ほかの生き物を描く場合とも基本的には同じである。そこで、昆虫を素材として、先の三法則についてもう少し細かな説明をしていきたい。

さて、では実際に昆虫標本をスケッチしてみよう。昆虫の採集法および昆虫標本のつくり方については、ここでは省略する。ここではすでに、虫ピンで刺され、展翅または展足された標本があるものとして解説をすることに

する（もっとも新鮮な昆虫の死体をスケッチの素材としてもかまわない）。

とりあえず昆虫のスケッチを始めようという場合なら、スケッチの対象としては、なるべく大型の昆虫を選ぶことにしよう。

僕は現在、沖縄の大学で小学校の教員を目指す大学生たちに、理科教育に関する科目を教えている。その中に、昆虫を題材とした、自然観察をテーマとした授業がある。この授業の中で、学生たちには昆虫のスケッチに取り組んでもらっている。

授業では、学生たちに、標本箱に並べられた各種の昆虫標本から、自分で好みの標本を選んでもらい、標本の台座として使用する発泡スチロールの小さな板とともに、自分の机に持ち帰ってもらう。

このとき、標本以外に用意するものは、スケッチをする紙(特に指定はない。ペン入れをすることを考えると、ケント紙がもっともすぐれている。が、僕の場合は、コピー用箋もよく使用している。学生の授業においては、一般の印刷用紙として使われるB4またはA4サイズの白紙を使用している)、鉛筆、消しゴム、拡大鏡（倍率が2〜3倍程度のもの）、それに定規である。

昆虫のスケッチ（真上から見た場合のスケッチ）で一番大切なことは、昆虫の体が左右対称であるという点である。そのためスケッチにあたって、まずおこなう作業は、用紙に垂直の線を定規で引くというものである。この線を1本引くかどうかで、スケッチのできあがりが大きく違ってくる。

続いてこの線が描く昆虫の中心にくるようにして、スケッチをしていく。「お化けタンポポ」の場合は、どこから描いてもいいということを書いたが、昆虫スケッチの場合は、中心軸が決められているので、やはり頭部、胸部、腹部と描いていき、体が描き終わったところで脚や翅を描くというのが順序になるだろう。コピー用箋はマスが引かれているので、中心線を引くのが容易という利点がある。

昆虫のスケッチでも、下絵を描き始める前に、枠取りをする。このとき、大事な点は、なるべく大きく描くということにある。昆虫は体の小さなものが多い。これを実物大に描いてしまうと、細かな特徴がうまく表しきれないためである。ただし、なれないうちは、なるべく大きく描くといわれても、なかなかうまく枠取りができないかもしれない。

その場合は、設計図方式で枠取りをするといい。これは、実際の昆虫標本の各部を細かく定規で計測することから始める。たとえば頭部は○ mm で、胸部は○ mm、腹部は○ mm……といったぐあいだ。この計測値を何倍にすると、使用する用紙になるべく大きく描け、かつはみ出さないかを考え、その倍数化した計測値によって、用紙にしるしをつけていくのである。さらに、体の幅、翅の長さ、脚の伸びている長さなども計測して、その倍数化した値を同じように用紙にしるし、枠取りをするわけである。なれないうちは、細かく計測すればするほど、細かな枠が引かれ、形を取りやすくなると思う。

　枠取りがすんだら、鉛筆で輪郭を描いていく。授業ではペン入れまではせず、鉛筆による下絵を作品として提出してもらっている。このとき、学生たちには次のような点を注意点として与えている。

　ア：輪郭の線ははっきりと描く。また線がとぎれることのないようにする。
　イ：昆虫の体は節からなっている。たとえば脚先も節からなっていて、昆虫のグループによって、その節の数は決まっている。
　ウ：まず、輪郭を描くことに集中する。翅や体の模様は余裕がなければ描かなくてもよい。

　アは３－７のまとめに書いた「ウソは、はっきりとつく」ということにあたる。
　イに関してもうひとこと付け加える。次章の４－２で詳述するが、昆虫の体づくりにはルールがある。そのルールを知っていると、より「らしく」スケッチが描けるということである。つまりイでいったことは、３－７のまとめでいうと、「ウソのつき方をうまくする」ということにあたる。
　ウは同様、３－７のまとめに書いた「ウソはつきとおす」ということである。翅の模様を描き始めたけれど、複雑な模様で、途中で描ききれなくなって、いいかげんにごまかしてしまうくらいなら、最初から輪郭だけ描くというほうがいいということである。逆に、模様や翅脈を描くことにしたら、最後まで描ききる必要がある。一つのスケッチは、一つの描き方で描ききるというようにいいなおしてもいいだろう。

こうしたスケッチのコツを伝え、実際に昆虫標本を見ながら取り組んでもらった学生のスケッチを紹介する。

カブトムシのメスを描いたスケッチは、何本もの線を引くことで、カブトムシの輪郭を、紙に落とし込んでいった過程がよくわかるスケッチである。なれないうちは、このようにたくさんの線を引くことで輪郭を落とし込んでいくが、なれてくるとフリーハンドで輪郭を描けるようになると思う（**図17**）。

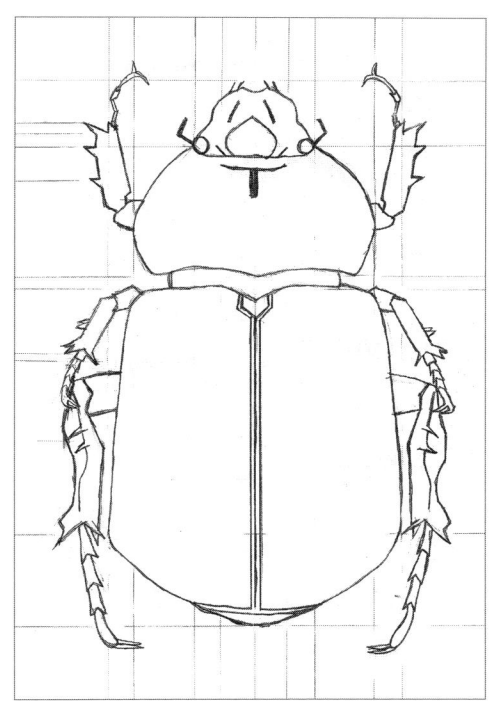

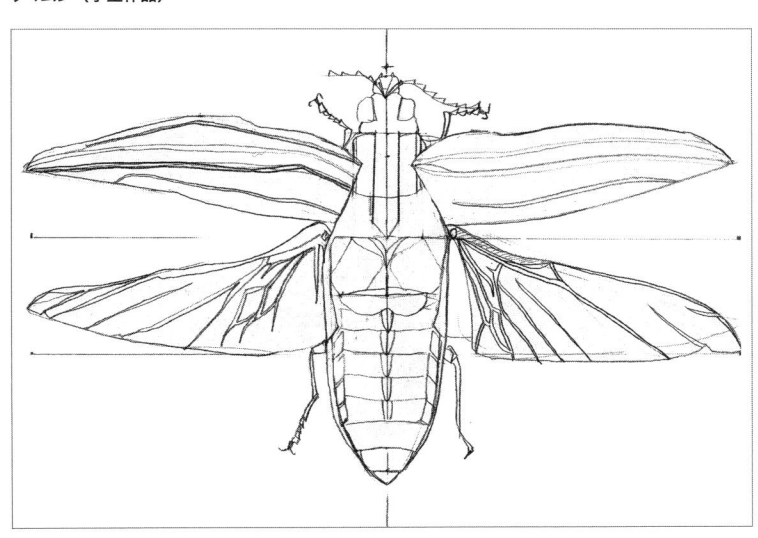

図 17　カブトムシ（学生作品）
図 18　タマムシ（学生作品）

3　生き物スケッチの技法——63

タマムシを描いたスケッチでは、腹部の描写は、昆虫の体が節からなっていることがよくわかるスケッチとなっている。一方、脚の先などで、一部、節がいいかげんに描かれているところ……「ウソがつきとおせていない」ところ……がおしい（**図18**）。
　繰り返すことになるが、昆虫の体は左右対称である。そのため、スケッチでは体の片側の翅の翅脈や、模様を省略して描く場合もある（そもそも翅を片側しか描かない場合もある）。
　さて、チョウ・ガなどでは、翅の面積が大きく、複雑な模様がある場合があり、対称になるようにそうした模様を描くのは、先の設計図方式を用いても難しい。そうした場合、トレーシングペーパーを利用する方法がある。これも、ウソのつき方をうまくする方法の一つであるといっていいだろう（同時に、省エネの工夫でもある）。

① まず、設計図方式を利用し、体と片側の翅を描く。鉛筆による下絵を描いた後、ペン入れまでも終えてしまう。
② 次に、薄手のトレーシングペーパーを用意する。このトレーシングペーパーを描いた翅にあて、鉛筆でなぞる。ただし、あまりに細かな模様などは描き込まず、翅の輪郭や、おおまかな模様などをなぞるにとどめる。
③ このトレーシングペーパーを裏返し、裏面から透けている鉛筆書きに沿って、ペン入れをおこなう。その際、標本を見ながら、鉛筆による下絵を省略した細部まで描き込む。
④ トレーシングペーパーを切り抜き、スケッチに貼る。その際、トレーシングペーパーに描いた鉛筆書きは消しゴムで消す（貼ってしまうと、消すことができなくなる）。

こうした切り貼り方式が適していない場合は、次のようにする。
① と②は同様の手順である。
③ トレーシングペーパーを裏返し、スケッチの胴体の部分にあわせ、またすでに描いてある翅にあわせて左右が対称となる位置にもあわせる。

④　トレーシングペーパーに透けている鉛筆書きに沿って、鉛筆でなぞる。すべてなぞり終わったらトレーシングペーパーをはずす。用紙にうっすらと鉛筆による輪郭が残っているので、それにあわせてペンを入れる。

　参考までに、このトレース法の応用編についてもひとことふれておく。真上から見た標本画ではなく、標本や写真、フィールドノートのスケッチなどをもとに、生態画を描き起こす場合などに有用な方法だ。
　例として取り上げた絵には昆虫も含め、さまざまな生き物が登場する（**図19**）。この絵は、子ども向けの学習図鑑（植物）用の、「光合成を中心とした里山の生態系の図」という題に対して作画したものだ。本書に掲載しているのは、この絵のラフである。本画は採色されたものであるが、ラフは白黒である。
　まず、全体の構成を考え、登場させる生き物たちと背景を設定する。生き物は細部まで正確に描き込む必要があるので資料（標本・写真・スケッチ）などをもとに、それぞれの種類についてポーズを決めて、ラフの画面に作画していく。場合によっては、一度、ラフとは別の画面に下絵を描いてみてから、ラフの画面に描き込む。ラフは、最初、鉛筆で作画をしていき、全体が描き上がったら、ペンを入れる。完成したラフが本書に載せた絵である。
　ラフの絵に大きな修正点がなければ、本画にとりかかる。背景をおおまかに鉛筆で下絵を描いた後、登場する生き物たちを描き落としていく。ここで、まずラフに描かれた生き物をトレーシングペーパーに鉛筆でなぞり、それをラフにあわせ、本絵の用紙の所定の場所に写し取る。この場合、スケッチをなぞったトレーシングペーパーとは別に、鉛筆で真っ黒く塗りつぶしたトレーシングペーパー（カーボン紙の代わり）を用意し、本絵の用紙の上にまず真っ黒く塗りつぶしたトレーシングペーパーを、塗りつぶした面をあてて載せ、その上にスケッチをなぞったトレーシングペーパーを裏返さずに載せて、なぞった線の上から鉛筆でなぞって、本絵の用紙にラフの線を落とすという作業をおこなう。こうして落とせるものはおおまかな輪郭なので、その輪郭にあわせて、ラフを参考にしながら下絵を完成させる。また、その後、

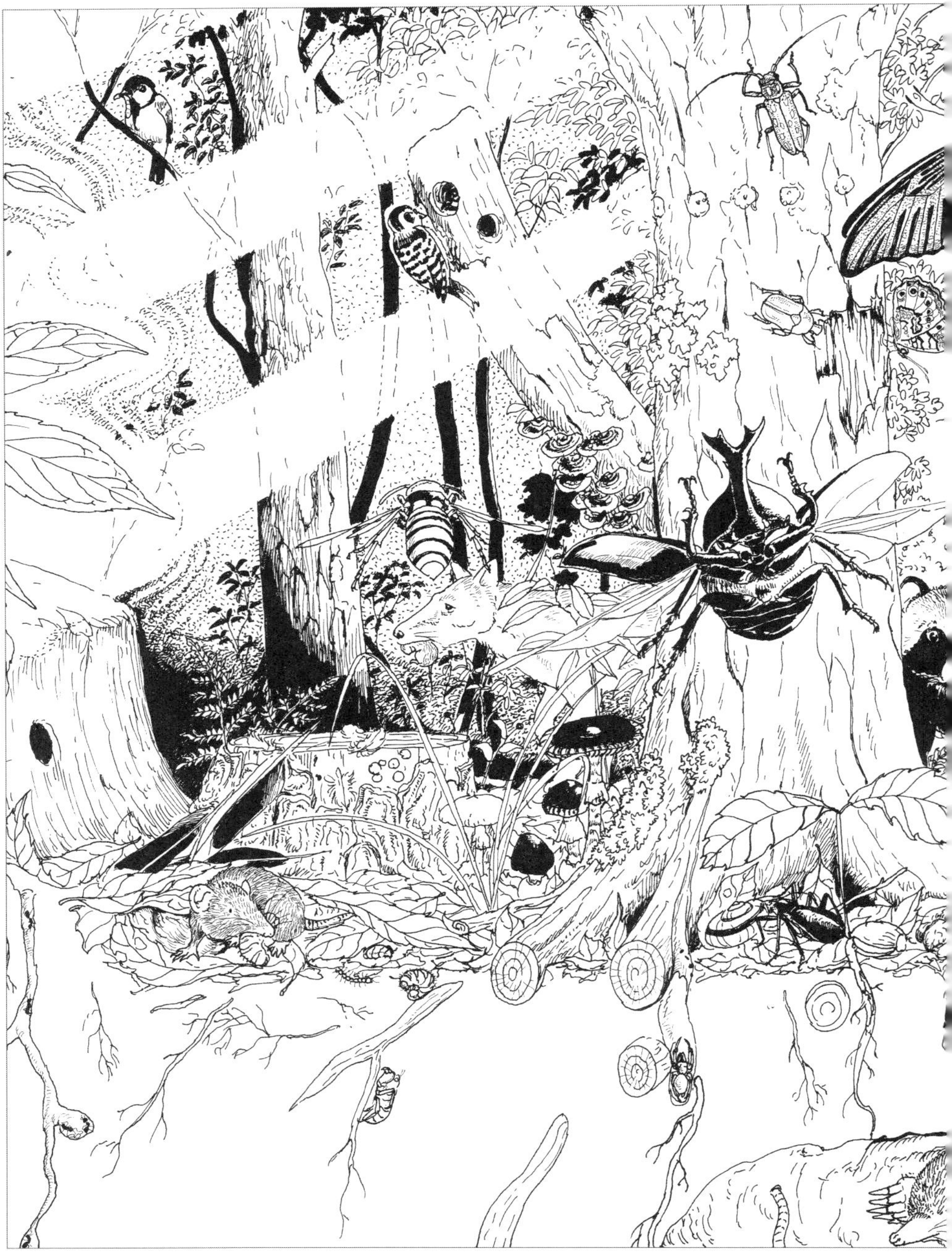

図19　里山の自然

彩色をおこない、最終的にペンを入れて本絵が完成するという段階を踏んでいる（むろん、個々の生き物の絵にあわせて、背景も描き込む）。つまり、こうした生態画を描くとなると、結局、一つの昆虫なら昆虫のスケッチを完成させるまでに、ポーズ決めの下絵描き（省略する場合もある）、ラフの下絵描き、ラフのペン入れ、ラフのトレース、トレースの本絵への落とし込み、本絵の下絵描き、本絵の彩色、本絵のペン入れという工程があるというわけだ。

3-9 実体顕微鏡

　昆虫など、小さな生き物をスケッチする際に関しては、ぜひとも必要な道具がある。それが実体顕微鏡である。

　たとえば昆虫のグループに甲虫と呼ばれる一群があるが、甲虫の専門家から、甲虫は、8 mm 以上あれば「大きいと見なせる」という話を聞いたことがある。実際に手元の定規を見てもらえばわかるが、一般の感覚では 8 mm というのは、決して「大きい」というサイズではない。しかもスケッチをするとなると、8 mm の甲虫は肉眼では細部をとらえにくい。まして 8 mm の甲虫が「大きい」というわけであるから、多くの甲虫は、さらに小型であるということである。つまりは、甲虫に限らないが、昆虫の多くは肉眼で観察をするのには小さすぎ、必然的に拡大して見る道具が必要となってくるということだ。生き物スケッチとはウソをつきとおすことと書いたが、真実を知らないと、うまくウソはつけないのである。

　僕が初めてスケッチに使用した実体顕微鏡は、埼玉の学校に勤務しているときに、生徒用の実験器具を整備する際、同型のものを自分用にも購入したものである。接眼レンズの倍率は 10 倍で、対物レンズの倍率は 2 倍と 4 倍であった。この実体顕微鏡を長らく使用していたのであるが、安価であった反面、使い勝手はあまりよくなかった。最近、ようやくライカの実体顕微鏡を購入し、その使い勝手のよさに、これまでの実体顕微鏡でよくイラストを描き続けていたと、自分で感心してしまったほどだ（視力を犠牲にすることになったわけだが）。

実体顕微鏡を購入する際、いくつかの留意点がある。
　むろん、購入可能な顕微鏡の価格については、各々の事情があるであろう。ほとんどの実体顕微鏡は倍率が変倍できるが、これはズーム式であるよりも、段階式のほうが、視野がはっきりするという利点がある。僕の使用しているのは、ライカのMS5であり、対物レンズの倍率が0.6倍、1.0倍、1.6倍、2.5倍、4倍の5段階に変えられる。顕微鏡というものは拡大して見るための道具ではあるのだが、実は0.6倍という低倍率のレンズの存在が重要である。昆虫には小さいものが多いと書いたのではあるが、中には「そこそこ大きい」ものもいるのである。つまり、肉眼で見るのには小さいが、高倍率にしてみると、顕微鏡の視野からはみ出てしまうというサイズの昆虫である。実際に昆虫スケッチを手がけてみると、この0.6倍と1.0倍の対物レンズを多用することがわかる。また僕がもともと使用していた実体顕微鏡は低倍率のレンズが備わっておらず、そのため「そこそこ大きい」昆虫をスケッチする際は、顕微鏡を覗きながら標本をあれこれ動かしてみる必要があり、手間がかかるだけでなく、目にも負担がかかってしまった。ひとことアドバイスをするなら、視力は使えば使うほど落ち、復活することが難しいことから、できれば多少、値が張っても低倍率のレンズを備え、視野の明るい実体顕微鏡を最初から購入することをお勧めしたい（なお、参考までに、僕の場合は東京・本郷の東大正門近くの浜野顕微鏡店から顕微鏡を購入し、沖縄まで送付してもらった）。なお、昆虫の研究者などは、たとえば交尾器などの正確なスケッチをするために、実体顕微鏡に描画装置というものを取り付けてスケッチをおこなっているが、ここではそれにはふれない。
　では、ここまで大まかに見てきたスケッチの技法を使った観察や記録について、次章では具体例をあげて見ていくこととしたい。

4 生き物を描く──フィールドの四季

4–1 春のスケッチ─花を描く

① 植物の「れきし」

　春。田んぼの畔にツクシが顔を出し、野にはワラビ、林にはゼンマイが萌え出ずる。

　山菜としてなじみ深いこれらの植物は、一般にはシダと呼ばれている、花の咲かない植物だ。

　春は始まりの季節。そこで、生き物たちの「れきし」に目を向けてみることにしよう。

　地球上の生き物は、最初、海に誕生した。陸上植物の祖先も水中生活をしている藻類だった。植物の上陸にあたっては、いくつかの困難があった。その最たるものは乾燥への適応だ。水中においては四方を水に囲まれているわけだから、植物体が乾く心配がないのはむろんのこと、植物体各部は必要とする水分を周囲から得ることに不自由はなかった。しかし、陸上に上がった植物は、干からびる危険から身を守るだけでなく、基本的に土壌中からしか得られることのない水分を、体の各部に運ぶしくみを必要とした。こうして生み出されたしくみが維管束と呼ばれる、血管系のような送水システムである。

　初期の陸上植物の形態を今に残すコケの仲間は、現在も維管束を持っていない。一方、より陸上に適応した体のしくみを獲得し、維管束を持つ植物がシダである。正確にいえば、シダというのは植物を分類するうえでの呼称というよりも、植物の進化段階を表す用語である。シダというのは「維管束を持ち、胞子で増える」という進化段階にある、いくつかの系統の植物グループの総称であるのだ。

　シダの中でも、ヒカゲノカズラやトクサの仲間は古い出自のものたちで、

石炭紀の大森林は、これらの仲間の巨木からなっていた。もちろん、現在、石炭として知られる植物遺体はこれらのシダたちの化石である。石炭紀に栄えたトクサ類はその後没落し、現生種は15種ほどとなっている。そのうちの一つに、スギナがある。春の摘み草として親しまれているツクシは、このトクサ類のスギナの胞子を散布する器官のことだ。

春一番に、ツクシが顔を出し、しばらくすると今度はスギナが土を割って伸び出してくる。ツクシは薄い黄土色をしていて、その色からわかるように光合成をすることはない。光合成をするのはスギナの役割である。ところが、春の野を歩き回っていると、ときどきツクシの茎から緑色をしたスギナの枝が伸びているものがある（**図20**）。こうした姿をしたものに出会うのは、もともとツクシとスギナは一体のものであったからで、石炭紀の森をつくっていたトクサ類は、大きなスギナの枝のところどころにツクシの頭（胞子穂）がついていた。スギナの枝が伸びたツクシは、いわば一種の先祖がえりのようなものである。

小学校の理科や生活科の実践の一つに、「かわりだね・はしりだね調べ」というものがある。日々、教員自身や子どもたちが、「初めてタンポポの花が咲いたよ」「ものすごく長い茎のタンポポを見つけたよ」といった報告をしあい、身のまわりの自然物に興味を持つきっかけづくりをおこなうという実践である（『飯能博物誌』などもその延長にある）。先のツクシもまさに「かわりだね」なのだが、この「かわりだね」のツクシはツクシ（スギナ）の「れきし」を語ってくれるものである。

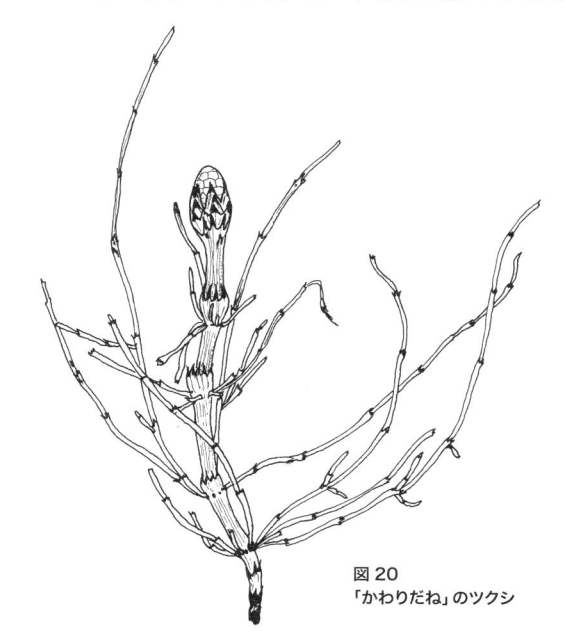

同じような「かわりだね」をゼンマイでも見ることがで

図20
「かわりだね」のツクシ

きる。綿毛に包まれたゼンマイの新芽は食用として利用されるが、ゼンマイの新芽の中には、食用とされないものがある。それが胞子葉の新芽である。ツクシはスギナの胞子穂をつける茎だったのだが、ゼンマイも光合成をする葉（栄養葉）と胞子をつける葉（胞子葉）が新芽のときから分かれていて、食用とするのは栄養葉の新芽だけだ。ところが中には1枚の葉の下部が栄養葉で、上葉が胞子葉となっている場合がある。この「かわりだね」のゼンマイがゼンマイの原型で、そうした姿から胞子葉と栄養葉が完全に分かれた今の姿になったのだろう。

② シダのスケッチ

　ゼンマイやツクシと違って、ワラビやほかの一般的なシダでは、栄養葉と胞子葉でほとんど姿が変わらない。胞子葉は、葉をめくってみて初めて、葉の裏や縁に胞子嚢がついているのでそれとわかるというぐあいだ。そのためシダは一般には「葉っぱしかないので互いに見分けがたい」というようなイメージを持たれている植物でもある。

　確かにシダは互いに似たものが多く区別が難しい場合もある。しかし、よく観察すると葉の切れ込み方（シダは1枚の葉がたくさん切れ込んだ姿をしている）や、葉柄の根本につく鱗片の形などに違いがある。こうした違いは、スケッチをすることによって細部まで目に入るし、またスケッチをすることで頭の中にも入る。

　シダのように細かく分かれた葉をスケッチするのは大変だと思うかもしれない。しかし、そうでもない。というのも、シダの葉は基本的に平面なので、そのまま絵にしやすいのである。生のままだと若干、反り返っていたりすることもあるので、軽く押し葉にしておいてからスケッチをしたほうが描きやすい。むろん、完全に押し葉にしてしまってから、スケッチをしてもいい。ただ、押し葉にして時間がたったものは、葉脈などが見にくくなったり、生のときの状態と異なって見えたりする場合があるので、できれば押し葉にしてからそれほど時間がたっていない標本のほうがスケッチには適している。

　一番簡単にシダの葉をスケッチするのなら、一度、押し葉をコピーし、そのコピーの上にトレーシングペーパーを載せて、輪郭をトレースするという

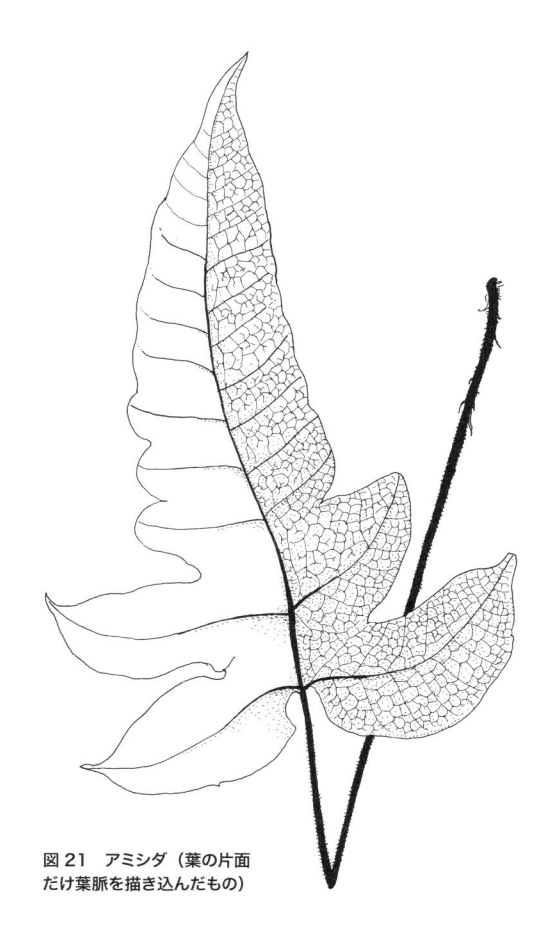

図21 アミシダ（葉の片面だけ葉脈を描き込んだもの）

方法がある。しかし、この方法は、正確に輪郭を落とせるという利点がある反面、スケッチをする際の「おもしろさ」や「発見」に欠ける。大変であっても、押し葉を脇において、それを見ながら紙にスケッチを起こしていくというほうが、断然におもしろい。

実際にシダのスケッチの過程をここで紹介しておこう。

まず、どのようなスケッチでも共通している点ではあるが、下絵を描く。シダは葉柄の先に、細かく切れ込んだ葉がついているという姿をしている。葉柄の先に続く、葉の中央にある軸は中軸と呼ぶ。スケッチをする際には、葉柄とそれに続く中軸をまず描き、全体の構成を決める必要がある。シダの葉は細長いものも多いので、図に示したように、途中で折り曲げた姿を描く場合もある（押し葉自体をこのように成形する場合が多い）。続いて、羽片と呼ばれる、部分に分かれた葉を描く。3－4に書いたが、下絵は本気を出しきらなくていい。羽片の中央の葉脈と羽片の輪郭を落とす程度に描いていく。

下絵を描き終えたら、ペン入れを始める。輪郭は0.2 mmのロットリングで描き、細部は0.13 mmのロットリングで描くというのは、シダの場合でも同様であるが、シダでは葉が羽片という細かなパーツに分かれているため、羽片の中央部にある葉脈を0.13 mmのロットリングで描いてから羽片の輪郭

を0.2 mmのロットリングで描いたほうが描きやすい。

　よく見ると、シダの葉の切れ込みには規則性がある。そのため、何枚かの羽片を描くと、規則性のパターンがわかり、描きやすくなるはずである。また、3-7で書いたように、片側の羽片だけ葉脈まで描き、残る半分は輪郭だけ描くという省略法もある。片側の葉脈しか描いていなくても、必要な場合、あとから葉脈は描き足すことができる（**図21**）。

　例として図示したものでは、葉が半分で折れ曲がっているため、より色の濃い表面が描かれている部分は、思い切って、黒く塗り、コントラストをはっきりとさせている（**図22**）。シダの葉の裏にはソーラスと呼ばれる胞子嚢がかたまってついている部分があるが、このソーラスのつき方は種によって特徴的である。輪郭が描き終わったあとは、このソーラスや細かな葉脈、葉や葉柄に生える毛などを描き込みスケッチを完成させる（**図23**）。

　胞子で増えるシダ植物は、やがて種子をつける植物へと進化していく。初期の種子植物はいわゆる花らしい花をつけない裸子植物の仲間であり、やがて花らしい花をつける被子植物が生まれた。被子植物がいつ誕生したかははっきりわかっていないが、花粉の化石からは、少なくとも中生代白亜紀初期には存在していたようだ。

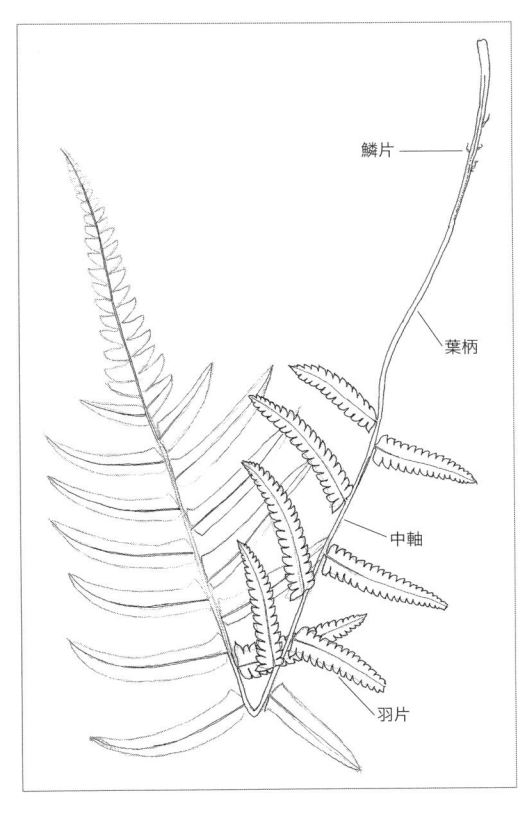

図22-a　ホシダ　ペン入れ

図22-b　ホシダ　輪郭

図23　ホシダ　完成図

③ 八重の花の秘密

　裸子植物も花をつけるが、「花らしくない」のは、花びらがないからである。裸子植物の花粉は風で媒介される。それに対して「花らしい」花というのは、昆虫によって花粉が媒介されるので、昆虫を惹き寄せるための宣伝が必要となってくる。それが花びらだ。

　花らしい花をつける植物とひとくちでいっても、実に多くの植物たちが花らしい花をつける。それらの花を観察するとしたら、どんな観点から見ていったらいいだろう。ここでも「かわりだね」を探してみたらどうだろう。では、「かわりだねの花」とはどんなものだろう。

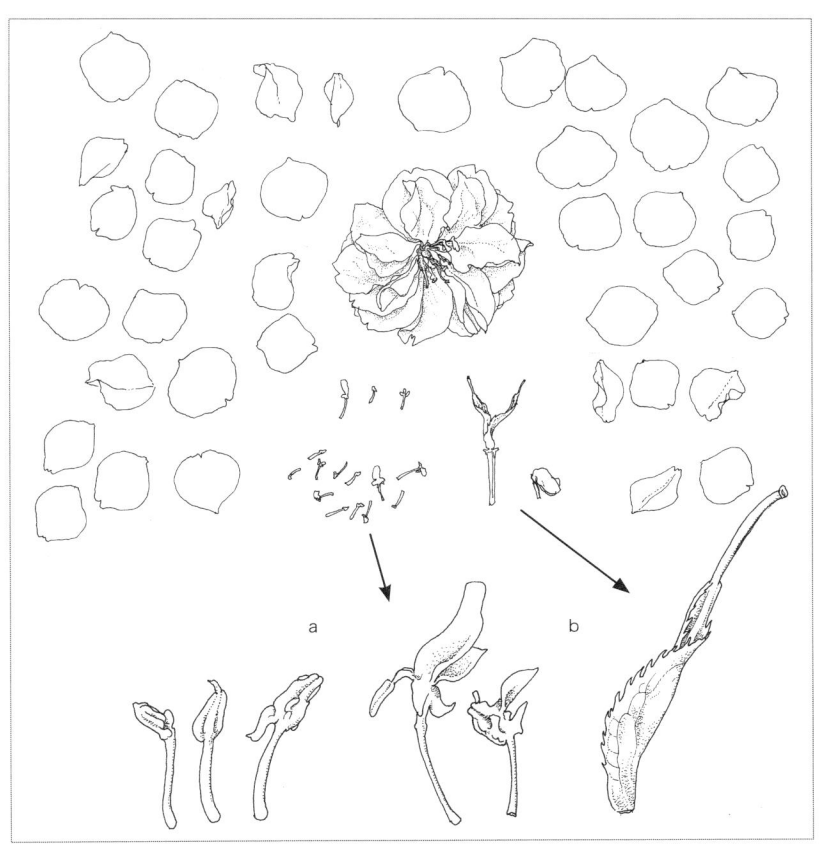

図24　八重桜の花　a：花びら化しつつあるおしべ　b：基部が葉状となっためしべ
(『飯能博物誌』No.431 1991年4月22日号より)

一番身近に見られる「かわりだね」の花が、八重咲きの花だ。
　ソメイヨシノよりも遅く咲くサクラに八重桜がある。ソメイヨシノなど、普通のサクラの花には花びらが5枚あるが、八重桜の花びらはたくさんある。教材として植物を取り上げる場合、動物に比べて、植物は地味だという印象を生徒たちに持たれやすい。しかし、植物教材が動物教材に対して適している面もある。その一つが、容易に解剖ができるという点である。花の観察の基本は、バラバラにするということだ。ためしに八重桜の花もバラバラにしてみる。図にした八重桜では38枚の花びらがあった。が、ほかにも、花びらになりかけのようなものがある。花びらになりかけている度合いはいろいろだが、拡大してみると、小さな花びら状のものに、薬と呼ばれる花粉を入れる袋がついていることがわかる（**図24**）。つまり、八重桜が普通のサクラよりも花びらが多いのは、おしべが花びらに変化したものであるからだということが見て取れる。さらに、バラバラにした花では、めしべが2本に分かれていて、そのめしべの基部は葉のようなつくりになっていた。八重桜の花を採って見てみると、めしべが通常のめしべの形をしているものから、葉のように変化したものまでいろいろあることがわかる。場合によっては、めしべがすっかり葉におきかわっているものが見つかるときもある。おしべは花びらに変化することがあり、めしべは葉に変化することがある。シダは葉しかなかったわけだが、「花」も、もともとは葉であったことが、こうした「かわりだね」の花から見えてくる。実際、実験植物として使われるシロイヌナズナの突然変異個体では、花となる部分がすっかり葉の塊になってしまうものが知られている。
　山菜の一つに、ネギの仲間のノビルがある。根本を注意深く掘り上げると、ネギやタマネギ同様の独特の風味のある球根があり、その球根に味噌をつけたりして食べることができる。ノビルの花を見てみると、花に混じって、むかごと呼ばれる無性的に増える芽がついているものが見られる。中には、すっかりむかごにおきかわってしまっている花さえあって、そのむかごが花茎についたままで発芽しているものなどを見ると、かなりヘンテコな「花」に思えてしまう。しかし、これも、（花⇔葉⇔むかご）という変化を起こしたものと考えると、理解ができる（**図25**）。

図25　ノビル
a：花
b, c：花の一部がむかごに変化したもの
d：花茎の上で発芽したむかご

　「かわりだね」の花からは、花のつくられてきた「れきし」を垣間見ることができる。こんなことに気づくと、八重の花を見ると、とりあえずバラバラにしてみたくなる。また、あたりまえと思っていた花も、実は「かわりだね」の花であることに気づいたりもする。一つ例をあげるとすると、バラがある。バラと聞いて、すぐに思い浮かぶのは、赤い色をした花びらがたくさん集まった花であろう。つまりは、バラも八重咲きとなっているのである。バラの花を同じようにバラバラにしてみると、中心部に近づいていくにつれ、おしべが花びらに変化していることがわかる。
　バラの花と関連して、授業の中で、学生の1人がおもしろいことに気づかせてくれた。「ぶんぶんぶん、ハチが飛ぶ。お池のまわりに野ばらが咲いたよ……」という童謡があるが、この「野ばらとは何か？」と質問をしてきた学生がいたのである（ハチを教材とした授業の中でのことだった）。ここで、ほかの学生たちに「野ばらとはなんだと思うか？」と聞いてみたところ、「バラが野生化したもの？」という答えが返されてきた。

たとえば僕の生まれ故郷である千葉の里山では、ノイバラはごく普通に見られる植物である。しかし、僕が現在居住している沖縄島南部には、野生のバラは生育していない。そのため、沖縄県出身の学生たちは、「野ばら＝野生化したバラ」と思ったわけである。しかし実際の「野ばら」は「野生化したバラ」ではなく、「栽培化されたバラの祖先」である。そして、野ばら、すなわちノイバラの花には花びらが５枚しかなく、色も白い。学生の何気ない質問から、バラと野ばらの姿の違いの意味を考えることになったのだ。
　関東地方ではノイバラは初夏に咲く。その花にはハチや甲虫など、さまざまな昆虫が訪れる。ノイバラにとっては、そうした昆虫たちが、花粉の媒介者になっているわけだ。しかし、バラではどうだろうか。花粉をつけるおしべは花びらに変化してしまっている。しかも八重となった花は重なりあい、中に潜り込むのも難しい。さらに、売られているバラは真紅だが、ハチは赤い花よりも白い花を好む。つまり野ばら（ノイバラ）にはハチがきても、バラにはハチがきがたいわけである。すなわち、バラの花からは、野生の花が、装飾品へと変化させられてきた、もう一つの「れきし」が見て取れる。

④ 野菜に見るもう一つの「れきし」

　バラに限らず、植物は人との関わりが深いものが多いため、もう一つの「れきし」を持つものが、身近に多く見受けられる。その最たる例が、野菜であろう。野菜を見ると、人とのせめぎあいの「れきし」のようなものを見て取れる。特に、春の野菜畑で、打ち捨てられたような野菜たちが花をつけているのを見ると、その思いを強くする。
　１－７でもふれたように、栽培植物も、もともとはすべて野生植物であった。たとえばキャベツの原種は地中海沿岸産の海岸性のアブラナ科の野生植物から生み出された作物である。キャベツ類の祖先の野生植物は、有史以前から利用されており、その野生植物からはすでに紀元前に、結球しないケールが生み出された。その後、ケールから結球するキャベツが生み出されるに至るが、キャベツは少なくとも８世紀末までは確認されておらず、またイギリスでは13世紀に結球性のキャベツが記録されるようになった。ケールは、日本には江戸時代に持ち込まれたものの、食用としては普及せず、日本独特

の観葉植物である葉ボタンが生み出された。日本でキャベツが食用として普及するようになるのは、明治以降である。キャベツ類は、ほかにも脇芽を食べる芽キャベツ、つぼみを食用とするブロッコリー、つぼみが白化しているカリフラワー、キャベツの芯にあたる部分を肥大させたコールラビといった品種がある。これらはすべて同一の祖先から生み出された野菜たちであるわけだ。食用とするブロッコリーはつぼみの部分であるため、畑で収穫されずにいると、花茎を伸ばし、黄色い花を咲かせる。その花は、アブラナ科に共通した、4枚の花弁をもっている。同様に、真っ白のカリフラワーも、畑で放置すると、花をつける。キャベツの場合は葉が強く結球するので、そのままでは花茎が伸びにくい。そのため花を咲かせ、結実させるためには、結球している葉に切れ目を入れる必要がある。キャベツやブロッコリー、カリフラワーはそれぞれ、一般的には「野菜」すなわち「食材」として見ているため、別個の存在として認知しているけれども、こうして花を咲かせた姿を見ると、みな同じ植物であることがよくわかる。

　カブとダイコンは、太った根を利用する野菜であり、両者の見た目はよく似ている。しかし、カブはアブラナやハクサイと同じ祖先を持つものであり、春、花を咲かせると、アブラナ同様、黄色い花を咲かせる。これらに対してダイコンはまったく別の祖先から栽培されたものであり、花は紫色をおびた白である。ただし、カブもダイコンもキャベツ同様、アブラナ科の植物であるので、やはり4枚の花弁を持つ花をつける。また、それらの実も、いずれも角果と呼ばれる、細長いさや状の乾いた実をつける。ダイコンの実はアブラナの実に比べると、太っているが、ダイコンの仲間の野生種であるハマダイコンの実は、熟すと節でバラバラになり、多孔質のさや状の実が種子を包んで、水に浮くしくみとなっている。ちなみにハマダイコンは、畑のダイコンが野生化したものか、はたまた古い時代に渡来した、独自の植物であるのかについて議論があったが、遺伝子の研究から、このうちの後者であることが結論づけられている。

　最近受け持った学生の中に、キャベツとレタスの区別がつかない（野菜嫌いなので、両方ともあまり食べたことがないとのこと）者がいて、驚かされたが、レタスはキャベツやカブとはまったく異なった仲間の植物である。

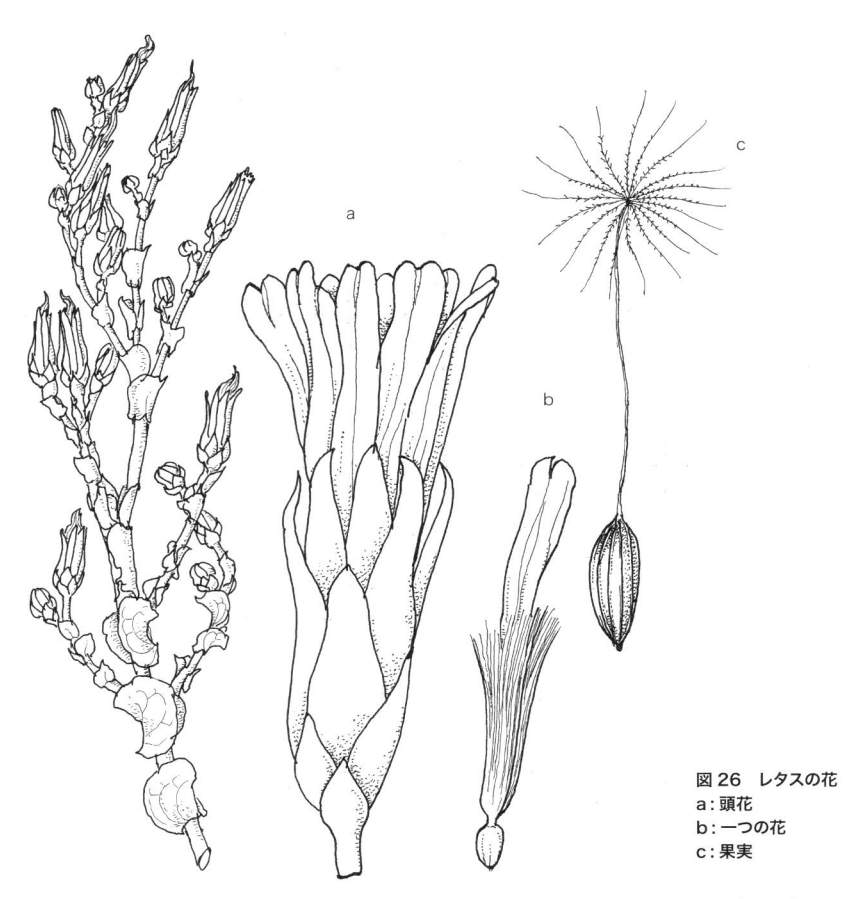

図 26　レタスの花
a：頭花
b：一つの花
c：果実

やはり花を咲かせてみると、レタスは小型のタンポポのような花（頭花）を花茎にたくさんつける。レタスはタンポポと同じく、キク科の植物なのである。そのため、観察してみると、レタスは花が終わると、やはりタンポポ様の「綿毛」をつけた果実（痩果）をつける（**図26**）。では、レタスと同じキク科の野菜にはどんなものがあるだろう。すぐに思いつくところは、シュンギクだろう。シュンギクの花はタンポポというより、マーガレットに似ている。また、その果実には、タンポポのように風に飛ぶしくみはない。こうしたことに気づくと、シュンギクははたして野生ではどのような環境に生育して、どのように種子散布をしているのかが、大変気になるところだ。また、ゴボウもキク科なので、頭花と呼ばれる、小さな筒状の花が集まった「花」

をつける。ゴボウの頭花はアザミに似ている。さらに、ゴボウの実は、頭花を包む総苞と呼ばれる部分が動物の体にくっつきやすい構造になっている。ゴボウの原産地には、ゴボウの果実を総苞ごと運ぶような動物が生息しているということになる。キク科の野菜を見てみると、花のつくりは基本的に共通しているが、種子散布の方法はそれぞれであるわけだ。

　フキもおもしろい花をつける。山菜のフキノトウは、キク科のフキの花だ。フキは雄株と雌株があるため、フキノトウをよく見てみると、オスとメスがあることがわかる。フキノトウを一つ採って、包み込んでいる葉を開いてみると、その中にはオスにせよメスにせよ、小さな頭花がいくつか集まっている。ただし、頭花の中身は、オスとメスで違っている。ためしにバラバラにしてみると、オスの花のほうが、メスの花より一つ一つが大きい。具体的な観察例を示すと、オスの頭花は全部で44個の花の集まりであった。また、みな、同じ形をした花であり、それぞれの花が、蜜も出し、葯を持ってもいた。一方、メスの頭花は全部で152個の花の集まりだった。そのうちわけは、蜜を専門に出す大型の花が2個に対し、果実になる小型の花が150個あった。このメスの頭花の観察からは、限られた数の蜜を出す花で昆虫を惹きつけながら、できるだけ多くの花を受粉させるというフキのたくみな技が見て取れる。

⑤「かわりだね」の花

　花ということでいうと、バラのところで少しふれかけたが、訪花昆虫との関係も興味深い。ただ、紙面に限りがあるので、「かわりだね」を2つあげるにとどめる。

　イチジクという果物がある。漢字で書くと無花果である。つまり、一見、花がないように見える。イチジクが「かわりだね」であるゆえんである。しかし、「かわりだね」の秘密は、花の成り立ちを考えると理由がわかってくる。

　「花らしい花」というのは、昆虫にきてもらうための宣伝である花びらを持つということであった。つまり、昆虫にきてもらう必要がない花や、花びらを持たなくても確実に昆虫にきてもらえる花は、「花らしくない」。イチジクは、このうち後者である。イチジクの枝をよく見ると、熟しかけた実から、

小さな実のようなふくらみまで、さまざまなサイズの「実」が目に入る。この「実」は、実は本当の果実を包んだ袋だ。本当の果実は、この袋を切ってみるとありかがわかる。「実」の中には、小さな粒々がたくさん入っているが、この一つ一つが本当の実なのである。

　枝についている小さな「実」を採って、二つに切ってみる。実体顕微鏡で拡大してみると、やはり粒状のものがたくさん入っているのがわかる。このときの粒こそが、花である。イチジクは袋状の中に、小さな花をしまいこんでいるため、一見、花があるようには見えないのだ（**図27**）。イチジクの仲間は、授粉にたずさわる専門の昆虫（コバチの仲間）と共生関係を持っている。このコバチは、袋にしまいこまれた花に授粉して回ることができるため、イチジクは花を「見せびらかす」必要がない。もっとも、栽培されているイチジクは品種改良がなされ、コバチが存在しなくても結実するようになっている。そのため、イチジクと関係を結んでいるコバチの姿を見ることはできない。この特殊なパートナーシップを見るには、暖地に生育するイチ

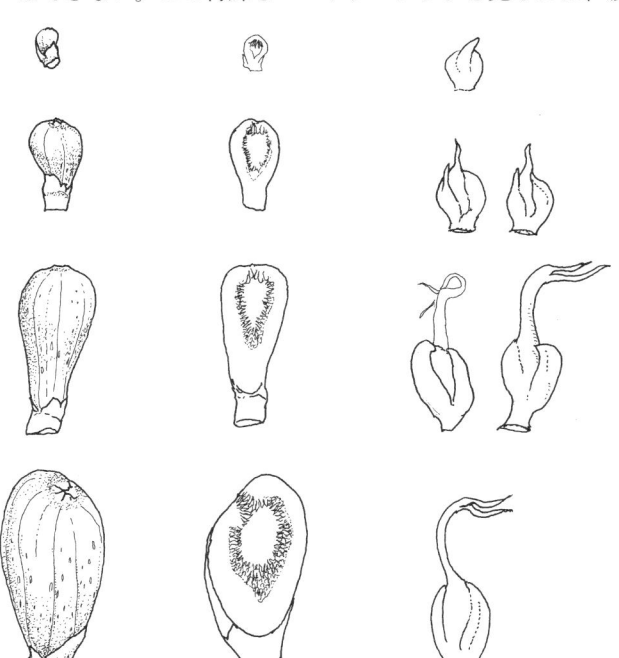

図27　イチジクの花
イチジクは袋状の入れものの中に、小さな花を多数つける。そのため、一見、花が咲いているようには見えない

ジクの仲間のイヌビワや、その近縁種を観察する必要がある。沖縄ではありふれた木の一つとなっているガジュマルもこの仲間で、ガジュマル固有のコバチとパートナーシップを結んでいる。

　イチジクの仲間が「見えない花」に特殊化した植物であるのなら、その逆に「目立つ花」に特殊化したものの代表がランの仲間だろう。ランも「かわりだね」の花の一つなのだ。

　早春、雑木林の林床には、シュンランが咲く。

　シュンランの花をバラバラにしてみる。まず、花びらと思っていたものに、

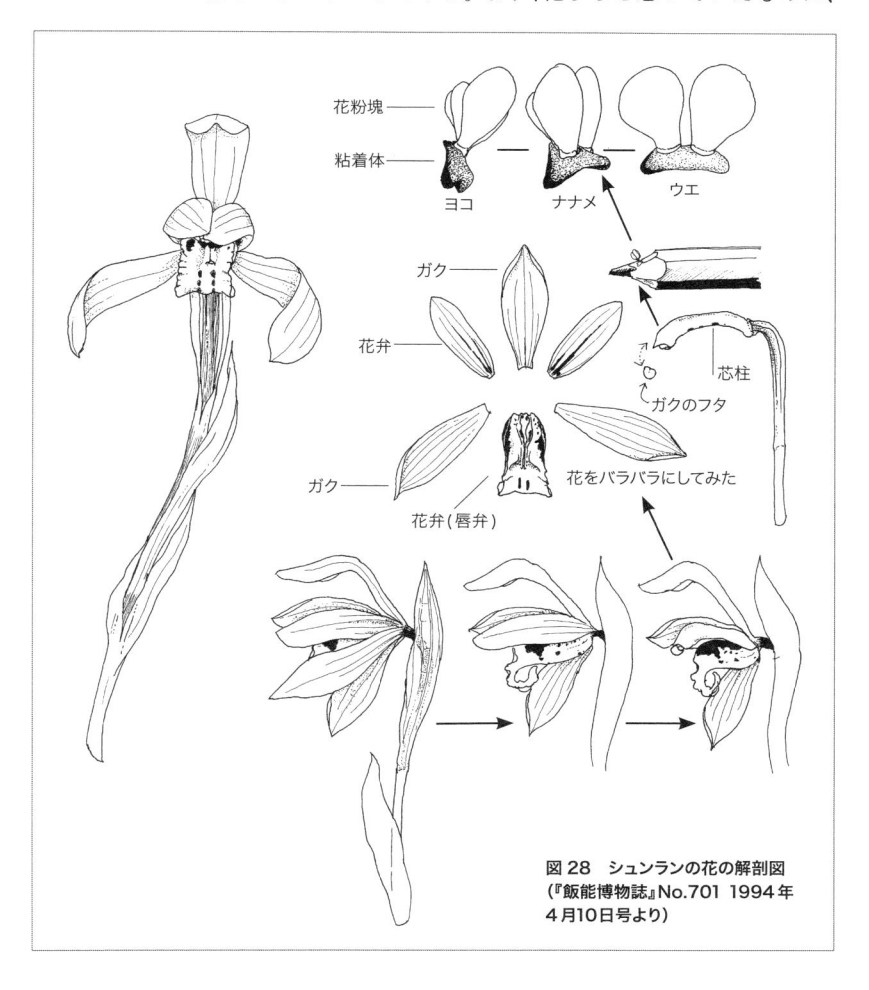

図28　シュンランの花の解剖図
(『飯能博物誌』No.701 1994年
4月10日号より)

花びらとガクが混じっていることがわかる。しかも、それらは部分によって形が異なっていて、全体としては左右対称となっている。こうしたつくりは、サクラやバラをバラバラにしたときを思い浮かべてみると、花としてかなり特殊化したものであることがわかる。花びらをはずすと、中にはおしべとめしべが合体した芯柱がある。芯柱の先端には花粉の塊がつく葯がある。また、その奥には、花粉を受け取るめしべの柱頭部分がある（**図28**）。

　ランの花が「かわりだね」であるのは、花粉が塊になっていることだ。鉛筆の先端などを、葯に押しつけると、粘着体によって、花粉が塊になってくっついてくることがわかる。つまり、ハチが花に潜り込んだ際、背中にこの花粉塊がくっつき、別の花を訪れた際、その塊が今度は柱頭にくっつくというしくみになっているのである。

　しかし、僕自身は、長い間、シュンランの花に実際にハチがやってきているのを見たことがなかった。が、あるとき、興味深い例を観察することができたので紹介する。シュンランの花を見て回っているうちに、一つの花にハチがきているのに気がついた。さっそくハチを驚かさないようにと、花ごと採集して、驚いた。ハチがまったく動かないのである。よく見ると、このハチは背中に花粉塊をつけていたのだが、その花粉塊は芯柱にくっついたままであり、どうやら動きが取れなくなったまま、死んでしまったものらしかった。いったい、こうした現象がどのくらいの頻度で起こるかはわからない（**図29**）。このときの、フィールドで観察した結果をまとめてみると、全部で57本の花のうち、ハチがくっついていた1本のほかは、4本の花の花粉塊がなくなっていただけだった。つまり、シュンランはせっかく花を咲かせても、訪花昆虫自体が少ないようだ。さらに、前年度に受粉した結果である果実は一つしか見つからなかった。前年度もほぼ同じ本数の花が咲いたと仮定すると、結実率は1÷57×100で1.3％ということになる。これでもなんとかなるのは、シュンランが多年草であることと、ラン科であるシュンランの種子は小さいので、一つの果実中の種子数が大変多いということによるだろう。シュンランの種子は肉眼ではほこりのようにしか見えない。種子の長さは1 mmで、重さはわずか0.0023 mgしかない。こうした小さな種子を大量につけるため、花粉が塊になって受粉されるしくみが必要になると

いうことであるのだ。

　花を描くことに抵抗がある人はあまりいないだろう。花を描くことに興味を持てるかどうかが問題なのだ。そこで、ここまで書いたように、花を描くというときには、「描きたくなるような花」に出会うことが大事だという

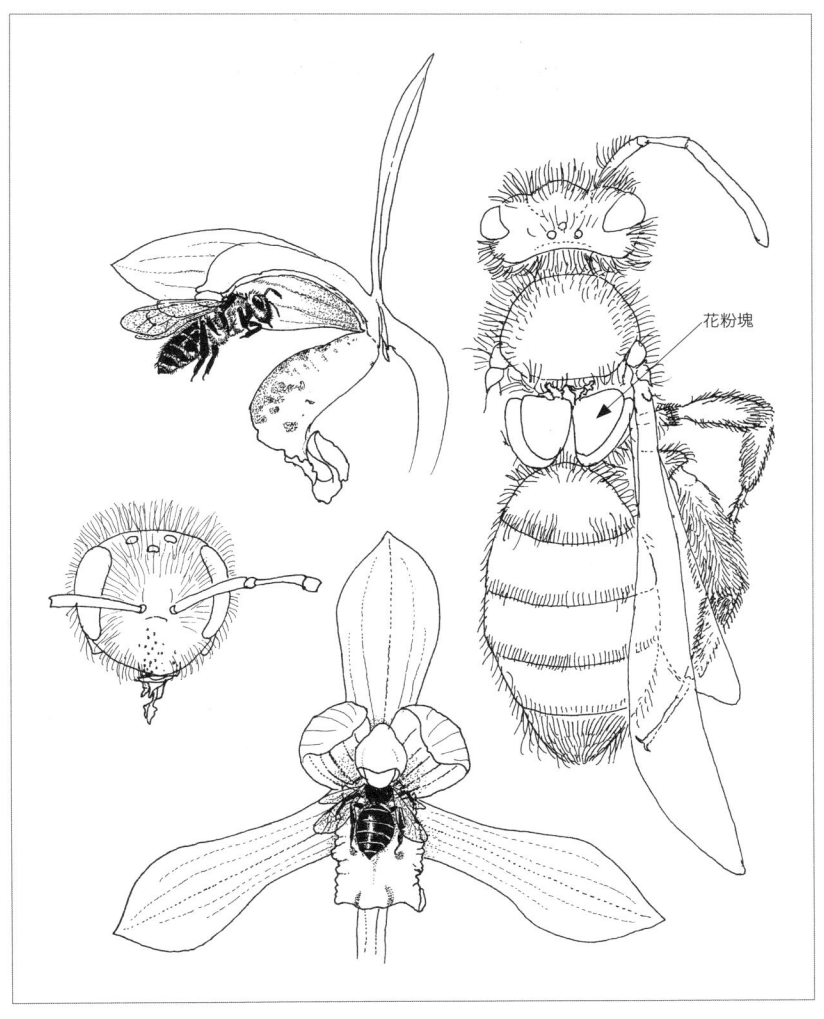

花粉塊

図29　シュンランの花に訪花していたハチ
ハチは花粉塊を背にくっつけたまま、芯柱にぶらさがるようにして死んでいた

ことになる。つまりは「かわりだね」を探すということである。「かわりだね」を探す中から、逆に、普通の花への理解や興味が引き出されてくるのではないかと思う。

　付け加えると、植物を描くときに、一番問題となるのは、鮮度との戦いだ。萎れる前に、いかに描くかということである。もちろん、水にいけた状態でスケッチをしたりするのだが、たとえば採集地からスケッチをする場所（家）まで持ち帰る間にも、鮮度が落ちてしまう。それほど大きくない植物の場合は、摘んだ後、ビニールに入れ（用意があれば切り口に濡れたティッシュをあて）、それをさらに大きめのプラスチック容器に入れて持ち運ぶと、割ともちがいい。もちろん、現地においてスケッチする場合は、その限りではない。

　最後に、植物全形のスケッチを2例紹介する（**図30、31**）。

図30　ナガミハマナタマメ（細部スケッチ）

図31　オルドガキ（輪郭スケッチ）

4-2 夏のスケッチ—昆虫を描く

① 嫌いな虫の分類

夏。何といっても、昆虫たちの活躍が目立つ季節だ。

花と違って、昆虫に関しては、描くことはおろか、見ることにも抵抗感を持つ人が少なくない。僕が担当している授業においても、受講する学生の少なからずが「虫ギライ」である。しかし、僕は学生たちが「虫ギライ」でもかまわないと思っている。「好き」と「嫌い」は相反しているものではないと思うからだ。「好き」と「嫌い」に相反するものは、「無関心」である。その点からいうと、「虫ギライ」な学生は、「虫」の話に、よく反応する。さらに、「虫」が嫌いであっても、おもしろいと思うことはできるとも思っている。こうした考えがあるため、授業では「嫌いな虫は何？」という質問から始めることにしている。この問いかけはまた、昆虫をスケッチする際の基礎を固めるという意味も持っている。

「嫌いな虫とは何か」

この質問に対しては、ゴキブリを筆頭にして、ムカデ、アリ、ハチ、カメムシ、ケムシといった名前が続き、ほかにもナメクジやヤモリなどの名もあがる。この返答からわかるのは、一般に使われる「虫」という言葉の中には、いろいろな分類群の生き物が含まれているということである。

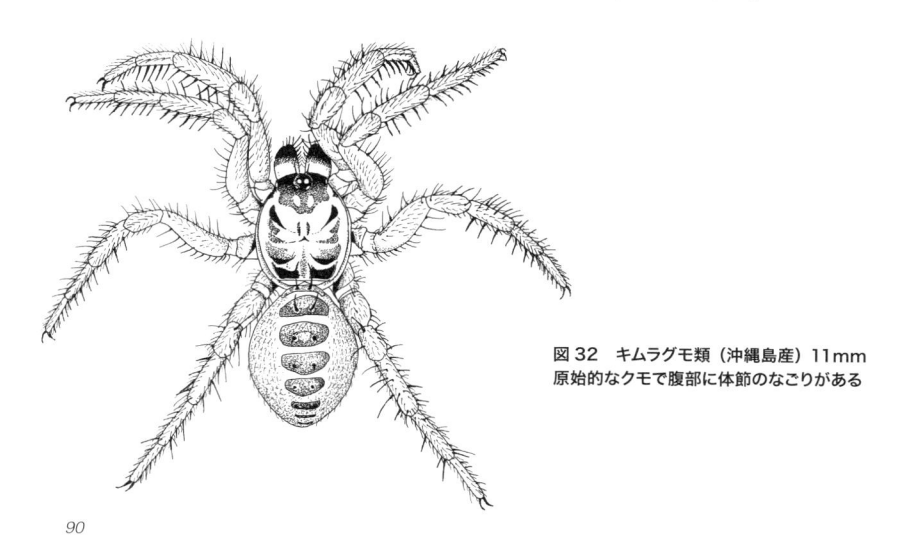

図32 キムラグモ類（沖縄島産）11mm
原始的なクモで腹部に体節のなごりがある

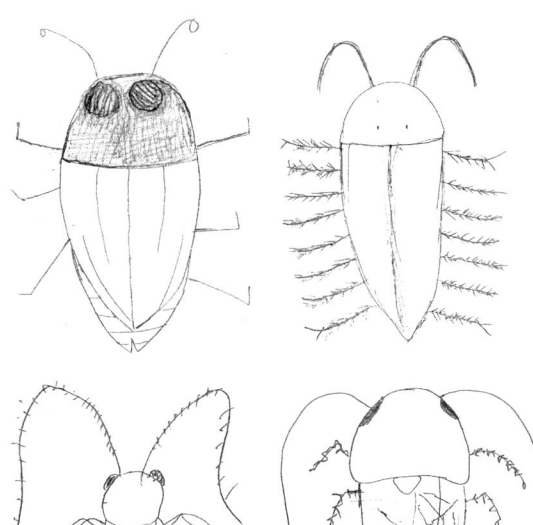

図33　学生たちの描いたゴキブリ

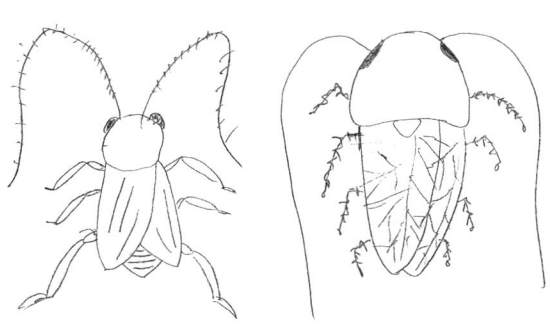

　「虫」と呼称される生き物には、どんな分類群の生き物がいるのかをはっきりさせるため、続いて、ゴキブリ、ムカデ、クモ、ダンゴムシ、カニ、サソリを4つの分類群に分けるという問題を、授業では出している。
　生物系の学生にとったら苦もなく答えられる問題であろうが、僕の担当している授業の学生たちの中で、正解を答えるものはまずいない。
　これらの生き物は、すべて節足動物と呼ばれる分類群に含まれるものであるから、互いに似ている点がある。それが節で区切られた体を持っているという点だ。ただし、節足動物は、体の特徴の共通点から、いくつかのサブ・グループに分けられている。上記の生き物たちの中で、ほかの節足動物のグループから最初に分岐したと思われているものが、クモとサソリである（ほかにもダニやカニムシといった生き物がこの仲間に属する）。クモとサソリが近い仲間であることは、原始的なクモの腹部には、体節のなごりがあることからもうかがわれる（**図32**）。これら蜘形類と呼ばれる生き物たちには、

触角がない。まだ節足動物が触角を持つ前に、ほかのグループから分岐したためであると考えられている。また、ダンゴムシは海岸のフナムシや、深海底にすんでいるオオグソクムシと近縁で、カニやエビと同様、甲殻類に分類される。ムカデは多足類と呼ばれるグループで、ほかにヤスデやゲジがこの仲間に属している。上記の生き物のうち、ゴキブリだけが翅を持ち、脚が3対であるという昆虫類であるわけだ。

　ゴキブリが昆虫類に属しているというのは、小学校3年生で昆虫とは何かを学んでいるはずだから自明である……かというと、そうでもない。学生たちに、この授業前にゴキブリの絵を描かせたところ、脚を4対以上描く者もいる（つまりは昆虫ではないことになる）からである（**図33**）。

② 昆虫ルール

　3－8で少しでふれたことであるが、昆虫を観察し、昆虫をスケッチする際には、昆虫の体づくりのルールを知っておく必要がある。逆にいえば、昆虫の体づくりのルール（以下、「昆虫ルール」とする）を知っていると、昆虫のスケッチをする際、だんぜん、それらしいスケッチが描けるようになる。

　「カマキリの絵を描ける？」

　まだ、「昆虫ルール」について説明をする前、こう問うと、学生たちは呻吟する。カマキリは特徴的な昆虫だ。頭の中に、その姿も思い浮かべることができる。ただし、絵にすることができない……と。

　小学生のとき、昆虫については「体は頭・胸・腹の3つに分かれている」「翅がある」「脚は6本」という特徴を習う。しかし、それ以上のことは、以後、中学・高校でも習うことがない。そして、この昆虫の定義はまちがっていないが、この定義だけではいざ、昆虫のスケッチをする際には不十分なのである。そこで、この定義をもう少し深めたものが、「昆虫ルール」である。

　カマキリも昆虫であるので、「昆虫ルール」にしたがっている。

　ただし、カマキリの話の前に、「昆虫ルール」については、ほかの昆虫を例にして説明しようと思う。それがイモムシである。

　学生たちに、イモムシの胴体だけを描いたプリントを渡し、その胴体に脚を描かせると、その結果は、大きく二つのタイプに分けられる。

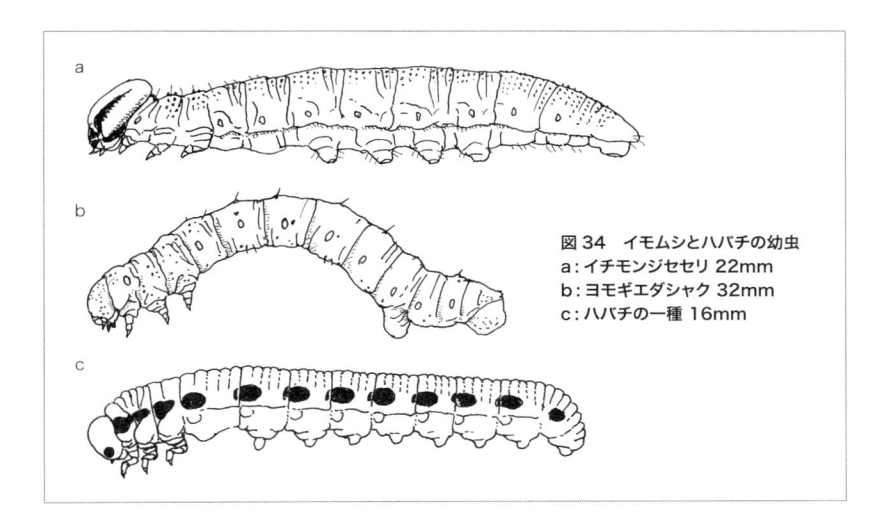

図34　イモムシとハバチの幼虫
a：イチモンジセセリ 22mm
b：ヨモギエダシャク 32mm
c：ハバチの一種 16mm

タイプ1・すべての節から脚が生えているタイプ
タイプ2・一部の節には脚が生えていないタイプ

　イモムシの姿にはいろいろある（**図34**）けれど、体のつくりには共通性がある。頭の後ろに、体節が13節あるというものである。そして基本的なイモムシは、頭の後ろ3節にそれぞれ1対ずつの脚があり、そのあと2節脚のない体節が続いたあと、4節、脚のある体節があって、再び3節脚のない体節があり、最後尾の1節にまた脚があるというものである。文字で表すとわかりにくいので、体節を丸で表し、脚のある体節を●、脚のない体節を〇で表すと、次のようになる。

　頭＋●●●〇〇●●●●〇〇〇●

　こうしたイモムシの体のつくりの共通性を説明するものとして、「節足動物ルール」「昆虫ルール」「イモムシルール」という話を授業でしている。
　先の「嫌いな虫」の分類のところで書いたように、昆虫もクモやムカデもカニもみな、節足動物というグループに属している。節足動物は5億年以上も前に海の中で生まれた共通の祖先から進化したものたちだ。そのため、体のつくりには共通点がある。それは、「体は体節が連なってできていて、その体節の1節ごとに脚がある」というものである。これが「節足動物ルール」

である。ムカデは体節が連なった細長い体にたくさんの脚がついているという姿をしているが、これは「節足動物ルール」の基本に近い姿をしているといえるわけだ。学生たちの描いたイモムシのうち、各体節に脚を描いたもの（タイプ１）は、「節足動物ルール」からいうと、まるきり見当はずれの姿を描いたものではない。

　スポーツのルールが時代によって変わるように、「節足動物ルール」も同様に、時代とともにルール改訂をして現代に至っている。節足動物の中でも昆虫は、「体が３つの部分に分かれ、翅があり、脚が６本ある」ということを小学校で習っていて、多くの人がその定義を知っている。昆虫は、体の各体節から生えていた脚を退化させ、６本にまで減らしてしまったわけである。

　昆虫の場合、脚が生えているのは胸の部分である。ここでもう一度「節足動物ルール」をふりかえってみる。「節足動物ルール」は「体の１節ごとに脚が生えている」というものであった。すなわち、昆虫は「体が３つの部分に分かれ、翅があり、脚が６本ある」というふうに習ってきたものだけれど、脚が３対６本あるということは、昆虫の胸には体節が三つあって、その一つずつの体節から、１対ごとの脚が出ているということなのである。

　もう一度、イモムシの脚についてたちもどってみよう。イモムシは、まず頭の後ろに続いた３節に脚がついていた。ここがイモムシの胸の部分だ。イモムシも胸の３節に脚があるという点では、「昆虫ルール」にしたがった生き物であるということになる。つまり、イモムシも昆虫である（チョウやガの幼虫であるのだから当然の話ではある）。

　ただ、イモムシの体は細長いため、「昆虫ルール」に忠実なままだと、体の後半部をひきずって歩くことになる。これはたとえば樹上で木の葉を食べるという生活には不便だ。そこで、イモムシは「昆虫ルール」を改訂した。昆虫は胸以外の部分の脚を退化させてしまったのだけれど、二次的に、腹部に脚を生み出したのだ。これが、イモムシの頭に続く３節（胸）に生えている脚以外の脚（腹脚）である。よく見ると、イモムシの脚は胸に生えているものと、腹に生えているものでは形が違っているのがわかる。胸に生えている脚は、節で区切られていて、ほかの昆虫で見られる脚と同じようなつくりだ。一方、腹部の脚には明瞭な節が見られない。このように、「昆虫ルール」

の「胸の3節に脚がある」に付け加えて二次的に腹部に5対の脚を持つようにしたのが「イモムシルール」ということになる。確認のため、先に●と○で表した方式で、あらためてイモムシの脚のつき方を書き表すことにする。

　○（頭部）＋●●●（胸部）＋○○●●●●○○○●（腹部）

これを「イモムシの脚式」とでも名づけることにしよう。

　イモムシにもいろいろいる。その中にシャクトリムシと呼ばれるものがいる。シャクトリムシは、シャクガ科というガの仲間の幼虫のことである。イモムシというのは、「節足動物ルール」を基本とし、「昆虫ルール」にのっとったうえで、腹部に5対の脚を二次的に付け加えたという「イモムシルール」によって体のつくりが決まっている。しかし、さらにこの「イモムシルール」は、イモムシのグループ（科）ごとによって、改訂されている場合がある。シャクガ科の幼虫、つまりはシャクトリムシなら、「シャクトリムシルール」に改訂がなされている。それは、腹部にある5対の脚のうち、前の3対を退化させてしまうというものである。シャクトリムシを「イモムシの脚式」で表すと、次のようになる。

　○＋●●●＋○○○○○●○○○●

　上の式を見てわかるように、シャクトリムシの場合は、胸部と腹部の後半にだけ●（脚のある体節）があることになる。しかも腹部の後半部の体節は短縮していたりするので、体の前半と後半にだけ脚があるような姿となる（**図32**）。このため、移動にはほかのイモムシたちとは異なった、いわゆる尺取運動方式を採用しているわけだ。こうした体のつくり（「シャクトリムシルール」）を利用して、中には、静止しているときは体の後端部の2対の脚で枝にしがみつき、細長い体全体をまっすぐに伸ばして、あたかも枯れ枝のように見せかけるものもいる。

　ところで、沖縄の市街地で、ときどき「シャクトリムシ」が大発生して問題となることがある。沖縄では小学校の校庭や公園、街路樹にしばしばマメ科のホウオウボクという外来の木を植栽する。このホウオウボクに、ときどきホウオウボククチバというガの幼虫が大発生して、木が丸坊主になってし

まうことがあるのだ。ところが、このホウオウボククチバは、クチバという名前のとおり、シャクガ科の昆虫ではない（シャクガ科の昆虫の場合、名前の最後は○○シャクとなる）。つまり、シャクトリムシではない幼虫が、シャクトリムシと勘違いされることがある。なぜそうした勘違いが起こったかというと、ホウオウボククチバはシャクガ科ではなくヤガ科の一員であるのだが、腹部の脚を一部、退化させているのである。そのため、外見上はシャクトリムシに似て見える。これまた「イモムシの脚式」で表すと以下のようになる。

　　○＋●●●＋○○○○●●○○○●

こうして見ると、「シャクトリムシを見つけた！」と思った場合でも、よくよく見ると、「ニセモノ・シャクトリムシ」が混じっている場合があるということになる。もしシャクトリムシを見かけた場合があったら、「イモムシの脚式」を頭に思い浮かべて確かめてみてほしい。
　こうして「イモムシの脚式」に注意して見ると、見かける「イモムシ」の中に「イモムシ・モドキ」が混じっていることに気づくこともある。脚が「イモムシルール」に照らしたとき明らかに多い場合は、それはガの仲間ではなく、ハバチの幼虫であるのだ（図34）。

③ 脚と顎の共通性

　ここで、カマキリの体のつくりにもどってみる。カマキリは「昆虫ルール」にしたがっている。つまり、三つの体節からなる胸の1節ごとから脚が生えているというのが、ポイントである。カマキリは、前胸が細長く発達しているのに対し中胸と後胸が小さい。この細長く発達している前胸こそ、カマキリの独特のフォルムを決定づけているものだ。
　「昆虫ルール」は、脚にもある。
　僕たちの腕を例にしてみよう。腕は上腕、前腕、手のひら、指という部分からできている。人間の腕の中には骨がある。上腕の中には上腕骨、前腕の中には橈骨と尺骨。手のひらには手根骨と呼ばれる小さな骨の組み合わせと中手骨がある。指にあるのが指骨だ。

図35 オオカマキリの脚

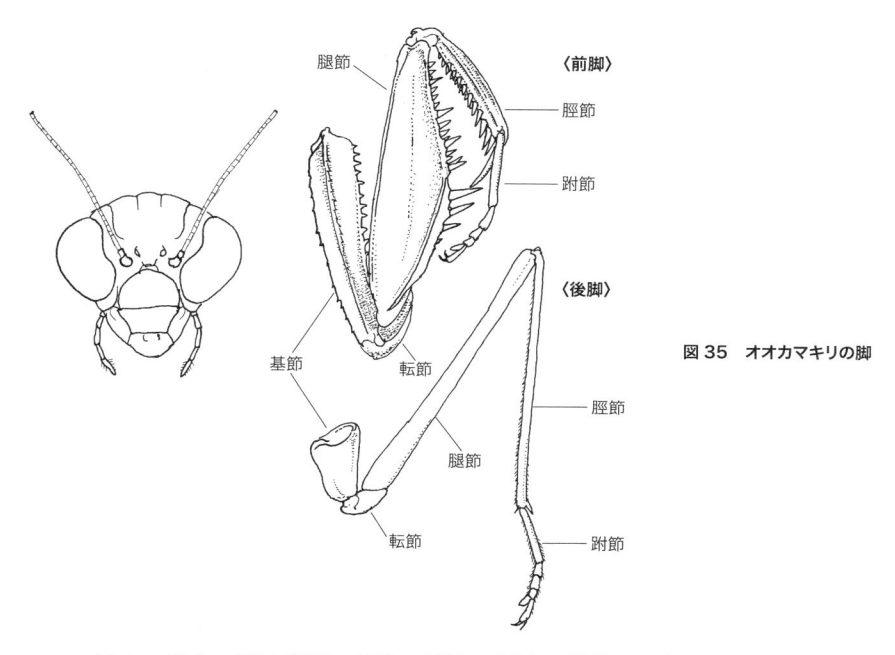

　昆虫の場合、脚は基節・転節・腿節・脛節・跗節という五つのパーツからできていて、この基本的なつくりはどの昆虫でも一緒だ。これが脚に関しての「昆虫ルール」である。
　カマキリでもカマ状をした前脚と、普通の形の後脚を見比べると、こうしたパーツの並びは一緒であることがわかる。ただ、普通の脚ではごく短い基節が長く発達し、腿節が太くなって、この腿節と向かい合う脛節の両者に棘が発達して獲物の捕獲器（いわゆるカマキリのカマ）を構成している（**図35**）。
　基節・転節・腿節・脛節・跗節という脚のつくりはどの昆虫でも同じであるが、跗節の数は昆虫のグループによって異なっている。たとえばカブトムシなどのコガネムシ科の昆虫の跗節は5節である。ただ、コガネムシ科の中でもフンコロガシ（タマオシコガネ類）の仲間の前脚だけは例外で、フンコロガシの前脚には跗節がない（**図36**）。
　こうした「昆虫ルール」を知っていると、ざっと描く場合でも、より昆虫らしい絵が描ける。
　ゴキブリの場合はカマキリ同様、前胸が発達して、頭部が前胸に隠れがち

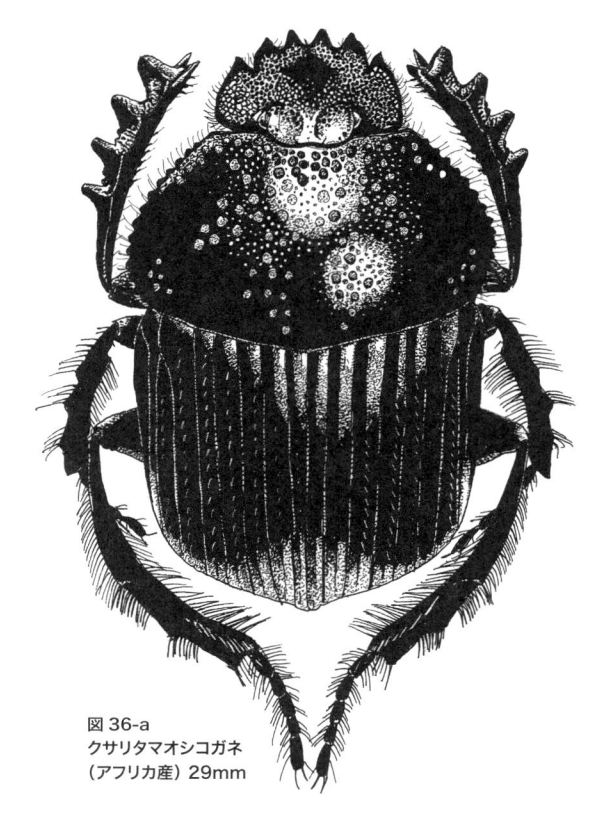

であるのが特徴である。カブトムシの場合は背面から見ると、一見、前胸だけが「胸部」と思われやすい。というのも中・後胸は腹部とほとんど一体化していて、中胸から生える硬い鞘翅がその中・後胸と腹部を覆い隠しているからである。カブトムシの胸部と腹部がどこで分かれているかは、腹面を見るか、硬い前翅をはずさないとわかりにくい。

「昆虫ルール」のもとになっている「節足動物ルール」は、体節の1節ごとに1対の脚があるという

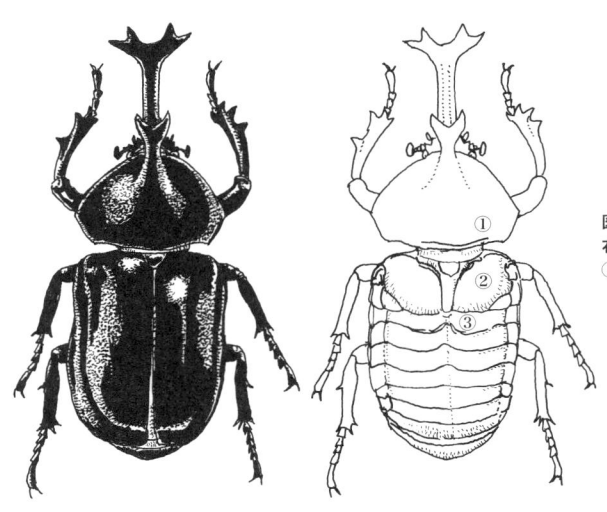

図 36-a
クサリタマオシコガネ
（アフリカ産）29mm

図 36-b　カブトムシ
右は前翅を取り去ったもの
①前胸　②中胸　③後胸

ものだ。たとえばムカデは、このルールに忠実な生き物なわけだが、ムカデが「嫌いな虫」の一つとして名があがるのは、見かけに加え、かむという実害があるからだ。そして、そのかむ顎もまた、本当は脚である。哺乳類の顎は上下に動くが、ムカデに限らず節足動物の顎は左右に動く。これはもともと節足動物の顎が脚に由来しているからである。子どもたちに人気のある昆虫にクワガタがいるが、クワガタの「かっこいい」顎（大顎）もまた、脚の変形したものなのである。昆虫の頭部には、触覚や大顎のほかにも対になっている器官があるが、これらはみな、脚が変形したものと考えられている（**図37**）。また、昆虫類の頭部は、5節からなるといわれている。昆虫の場合は、口周辺の脚が変形した器官をさまざまに変形させて、たとえば吸う口やかむ口などいろいろなバリエーションをつくりだしている。こうしたバリエーションは、昆虫の食性にもバリエーションを持たせ、ひいては昆虫類全体の繁栄をもたらしている。

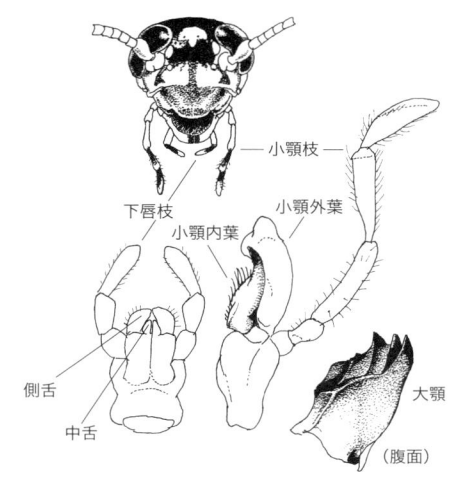

図37　ゴキブリの頭部（コワモンゴキブリ）

④「かわりだね」の昆虫

　地球上で名前のつけられた生き物のうち、もっとも種類数の多いものが昆虫だ。昆虫を観察し、スケッチするということは、生き物たちの持つ「多様性」を見つめるということにほかならない。「れきし」「くらし」と表現を統一し、多様性のことを「たくさん」と書き表してもいいだろう。数多くの種類がいる昆虫には、当然、「かわりだね」も多く見られる。つまりは、「かわりだね」の昆虫こそ、昆虫の本質である、「たくさん」の象徴なのだ。

　石炭紀、トクサやヒカゲノカズラの仲間が森林をつくっていたころに、昆虫類も上陸に成功していた。一般的には、古い時代からの昆虫の生き残りと

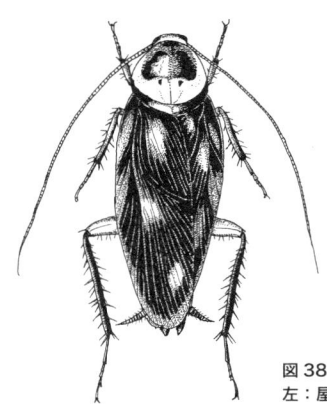

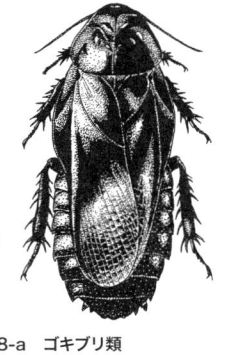

図 38-a　ゴキブリ類
左：屋内性　ワモンゴキブリ　42mm
右：屋外性　オオゴキブリ　37mm

図 38-b
ホラアナゴキブリ
2.8mm

いうと、真っ先にゴキブリの名を思い浮かべる人が多いだろう。確かにゴキブリは約3億年前から姿を現す古いタイプの昆虫である。が、トンボのほうが、体制としては、ゴキブリより古い体制を今に残している。トンボがより古い体制を持っているというのは、翅がたためないという特徴に要約できる。トンボやカゲロウなど、翅を体に沿ってたたむことのできない古いタイプの昆虫から、やがてゴキブリやバッタのように、翅を体に沿っておりたたむことのできる昆虫が進化してきた。カブトムシやチョウなどは、これらの昆虫よりさらに進化したタイプの昆虫で、成長の過程で蛹という時期を持つことを特徴としている。

　もっとも、ゴキブリが大昔からまったく姿を変えていないわけではなく、いくつかの点でモデル・チェンジをおこなっていることが化石のゴキブリとの比較からわかっている。ゴキブリというと、どうしても家の中に出没するやっかいものというイメージがあるが、世界で2000種以上知られているゴキブリのうち、屋内に出没するゴキブリはわずか、十数種にすぎない。いうなれば、ゴキブリ界の「かわりだね」だけが、一般のゴキブリのイメージを構成していることになる。日本産のゴキブリも52種が知られるが、屋外性の種類のほうが多い（**図38-a**）。ひとくちにゴキブリといっても、たとえばその前脚を比較してみるだけで、種類によって、「くらし」にあわせてず

いぶんと形が異なっていることがわかる。朽ち木の中で暮らすゴキブリや、土の中に潜るゴキブリでは、前脚は太短くなり、また脚に生える刺も頑丈で、拡大して見ると、まるで金棒のようである。「ゴキブリ」というと、「たたいても死なない」といったイメージも一般にはあるが、中には、琉球列島のいくつかの島の、洞窟や林床の落ち葉の下などから見つかるホラアナゴキブリ（**図38-b**）のように、眼が半ば退化しつつある、つまみあげることもできないほど、ごくきゃしゃな種類もいる。

　昆虫は翅を持ったことが繁栄の理由の一つであるわけだが、昆虫の中にはその翅を消失させているものもいる。たとえば寄生性の昆虫では、宿主にしがみつくということのほうが、飛ぶことよりも重大事であるため、翅を消失させ、かわりに脚を発達させている。ノミやシラミといった昆虫がこうしたものの典型だ。ほかにもコウモリの体表に寄生するクモバエのように、ハエの仲間でありつつ、翅がなく、名のとおりクモのような特殊な姿に進化した昆虫の例もある。また、メスだけが無翅になっている昆虫は少なくない。メスは無翅化することで、翅や飛行筋などを省略でき、その分、卵を産むためのエネルギーに振り分けることができるからだ。ミノムシのメスに翅がないことが有名だが、ほかにもホタル類やゴキブリ類の中にも、メスが短翅化したものがいる。

　体の構造物が短縮したり、退化したりする例というのは、それぞれに「かわりだね」として興味深いものではあるけれど、例としては割と多いものである。たとえば、無翅化した昆虫や短翅化した昆虫は、さまざまな昆虫のグループで見られる。一方で、体の構造物が重複する例というのはほとんどない。つまり、翅が6枚ある昆虫は知られていない。しかし、最近、前胸に、翅と起源を同じくする（翅をつくる遺伝子が働いたと考えられる）構造物を持つ昆虫がいることがわかったという研究成果が報告されている。それがツノゼミと呼ばれる昆虫だ。ツノゼミはその名のとおり、セミに比較的近縁な昆虫で、草や木の汁を吸って暮らす昆虫である。ただし、セミよりはずっと体は小さい。このツノゼミは、前胸にさまざまな突起物をつけていることで有名である。日本の雑木林周辺でも普通に見ることのできるトビイロツノゼミは、ほとんど目立った突起を持っていない。しかし、海外産のものとな

図39 ツノゼミ類（縮尺は不定）

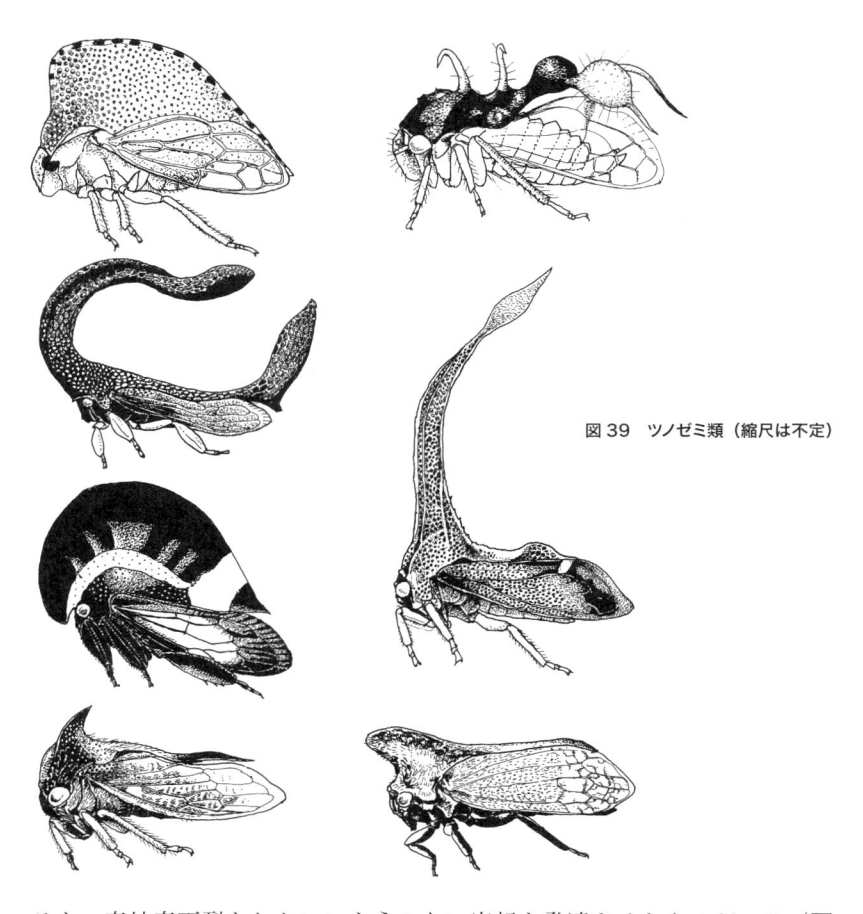

ると、奇妙奇天烈としかいいようのない突起を発達させたものがいる（**図39**）。このツノゼミの前胸に発達した突起が、翅と由来を一緒にしているというのである。ツノゼミは究極の「かわりだね」の虫といえるだろう。

　昆虫の「かわりだね」は見てすぐにわかるものばかりではない。枝に似ていることで有名なナナフシは、日本から20種ほどが知られているが、ほとんどの種は、みな、似たような外観をしている。しかし、その卵は、それぞれに個性的であり、中には芸術品とでも呼びたくなるような外観をしたものさえある（**図40**）。西表島などに生息しているヤエヤマツダナナフシはがっしりとした成虫の体も一般のナナフシばなれをしているが、その卵は日本産ナナフシ類の中では特大で、さらにこのナナフシの卵は、海水に浮き、海を

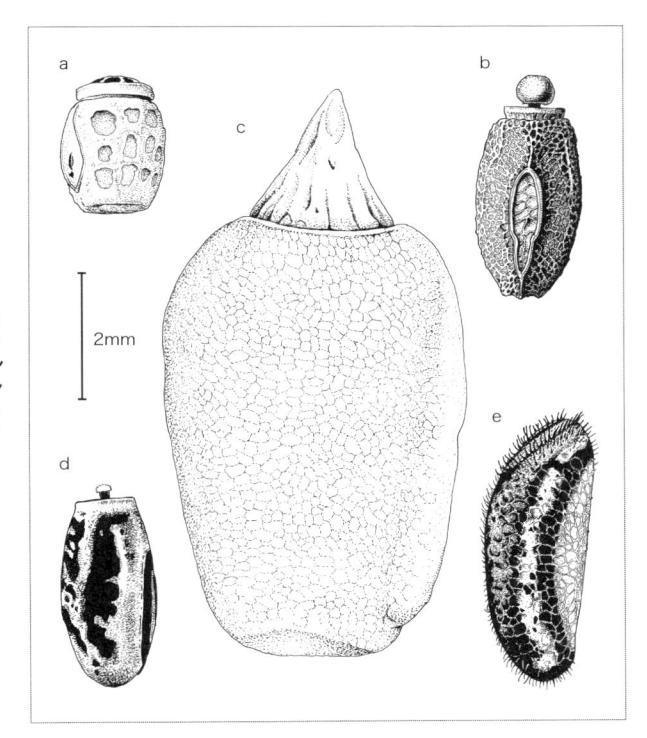

図40　ナナフシ類の卵
a：ヤスマツトビナナフシ
b：オオガラエダナナフシ
c：ヤエヤマツダナナフシ
d：メスフトエダナナフシ
e：タイワントビナナフシ

漂流して分布を広げる能力を持っているという点できわめて「かわりだね」である。これはヤエヤマツダナナフシがアダンという海岸に多い植物を専食するというその「くらし」と深く関わっている。またヤエヤマツダナナフシは単為生殖（メスだけで卵を産む）が可能であるということも、海流による分布拡大を可能ならしめている要因だろう。

　身近な昆虫にも「かわりだね」がいる。

　それがテントウムシである。

　いったいテントウムシのどこが「かわりだね」であるというのだろうか。僕自身、そう思えるようになったのは、それほど前の話ではない。

　テントウムシを「嫌いな虫」としてあげる学生はいない。どちらかといえば、「好きな虫」として名をあげるものだろう。就学前の小さな児童も、テントウムシが好きである。なぜなら、「きれい」だし、小さな児童たちでも容易に「捕まえられる」からだ。

しかし、容易に捕まえられるということは捕食者の多い昆虫にとっては不利なはずである。だからテントウムシは「かわりだね」であるのだ。結局のところ、テントウムシは体の中に忌避物質を持っているために、捕食を免れることができる昆虫であり、忌避物質を持っていることをアピールするために「きれい」であるのだ。ためしに沖縄で普通に見られるダンダラテントウを口にしたら、15分ほど苦みが口に残って不快な思いをした。

　学生たちにテントウムシの輪郭を描いたプリントを渡して、テントウムシの斑紋を描いてもらったことがある。すると、かなりまちまちな結果になった（中には左右非対称の斑紋を描く者もいて驚いてしまった）。が、実際のテントウムシも、種類によって、斑紋はさまざまである。同じ種類でも斑紋の多型が知られているし、地域によって斑紋が異なっていたりもする。それからすると、人も昆虫の捕食者も、テントウムシについては漠然とした探索像を持っていて、昆虫の捕食者の場合はおおよそれにあてはまれば忌避するということになるのだろう。

　テントウムシはこのように忌避される昆虫であるので、昆虫やクモの中には、テントウムシの斑紋に擬態するものがいる。雑木林周辺でも、アカイロトリノフンダマシという名のテントウムシに似たクモを見つけることができるし、フィリピン産のゴキブリの中にも、テントウムシに擬態するものが知られている。

　テントウムシが「かわりだね」であるのは、多くの虫は「きれいではなく（目立たなく）」「捕まえにくい（隠れている、すばやく逃げる）」ということであるからだ。つまりは、昆虫は生態系の中で、「食われる側」にいるものたちである。

⑤ 昆虫スケッチの技法

　昆虫をスケッチしたくなるのは、生き物の世界の多様性が、人間の思考をはるかに超えていることを知ることができるからだ。また、人間とは、まったく異なった生き物であることも、スケッチをすることで実感できる。人間と昆虫で、形づくりのデザインがまったく異なっているのは、両者の祖先が分岐してからの、長い「れきし」の反映だ。また人間と昆虫は、生態系にお

ける位置、つまりは「くらし」ぶりもまったく違う。そのため、見れば見るほど、あらたな発見がある。そして、スケッチをすることは、何より、「見る」ことにつながる。

　昆虫のスケッチをする場合、3－8では、最初のうちは輪郭だけのスケッチでもいいということを書いた。スケッチになれてきたら、翅脈や、毛、模様といった、より細部までスケッチすることにチャレンジしていくといいと思う。さらに立体感や光沢を表現してみようと思う場合は、どうしたらいいだろうか。

　甲虫やハチ類など、体表が硬い昆虫には、光沢を持つものがある。昆虫の形や模様をしっかりとスケッチするという観点からは、光沢は無視してもかまわない。一方で、より見た目に近い形でスケッチを仕上げたいという場合は、光沢も表現できると、立体感も増す。

　光沢を表現する際の心がまえの第一は、ウソははっきりとつくという、3－7で紹介した三法則の一つに関わっている。

　アリを例にする（アリはハチの仲間である）。

　アリの中には、体表が硬く、光沢があるものがいる。ここでスケッチしたのは、そうした体表が黒い光沢を持ったチクシトゲアリである。

　光沢は、コントラストをはっきりさせることで表現ができる。つまり、影にあたる部分は必要以上と思われるほどに黒く塗り、光沢を持つ部分は、何も手を加えない白のままでおくということである。

　今、実体顕微鏡でアリの標本を拡大して見ているとする。

　アリの体の中に、ハイライトと呼ばれる白く光っている部分が見える。おもには腹部にハイライトが見えるはずだ。

　3－8で説明をしたように、まず、紙に1本、中心線を引く。さらに、どのくらいに拡大して描くかという枠取りをおこなう。そこから、アリの輪郭を鉛筆で下絵を描いていく。このとき、腹部のハイライトとなる部分にも鉛筆でしるしをつけておく。ここは、ペンを入れてはいけないというしるしである（**図41**）。

　続いて、輪郭のペン入れをしていく。この図の場合は、最初にアリの左眼からペン入れ始めた（**図42**）。

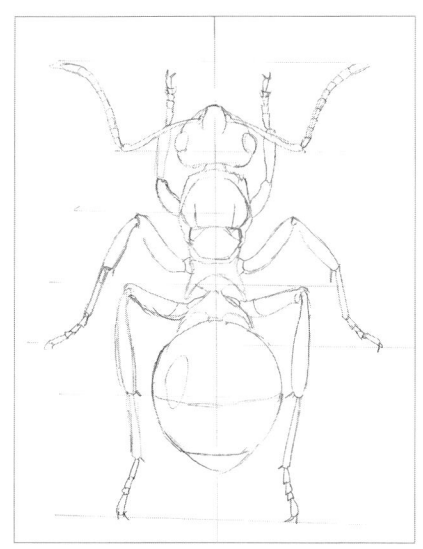

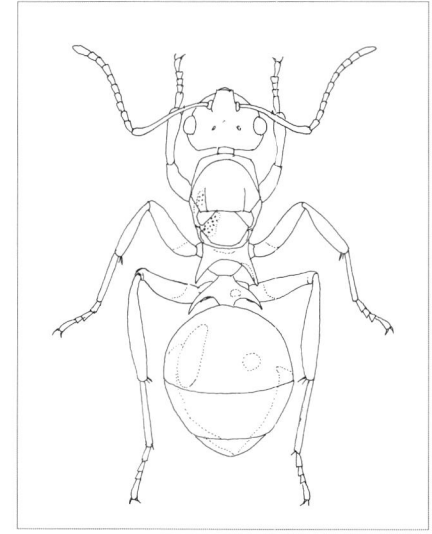

図41 下描き（チクシトゲアリ 7mm）　　　　**図42** 輪郭

　続いて、漫画でいうと「ベタを塗る」という作業に入る。

　色彩的に黒い部分や、影の部分に黒を入れていくのである。

　広い範囲に「ベタを塗る」のには、ロットリングは適していない。そのため、「ベタを塗る」専用に、何種類かのペンを用意する。よく使用するのは筆ペンや、漫画用の「ベタ塗り」用のペン（たとえばホルベインのMAXON COMIC PEN　ツイン筆タイプ）などである。また、ロットリング社から出ているティッキー・グラフィックという種類のペンは、細かなベタ塗りに適しているので、筆ペンなどと使い分けるといい。ただ、こうした「ベタ塗り」用のペンを使用する際には、同じ黒色でもペンの種類によって色彩が異なっていることに注意する必要がある。

　塗る面積にあわせてペンを選んだら、黒を入れていく。このとき、塗り残しがあると、見栄えが悪い。また、輪郭ぎりぎりのところや、細い脚などを黒く塗るときは、ロットリングを使ったほうが無難である（**図43**）。

　ここで注意すべき点は、どこまで「ベタを塗る」かである。

　ハイライトの部分は白く光っているのでそれと迷うことはあまりない。しかし、よく見ると、一番強いハイライトほどではないが、光っているところ

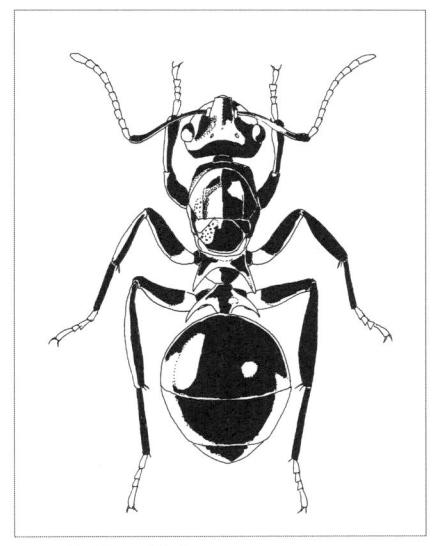

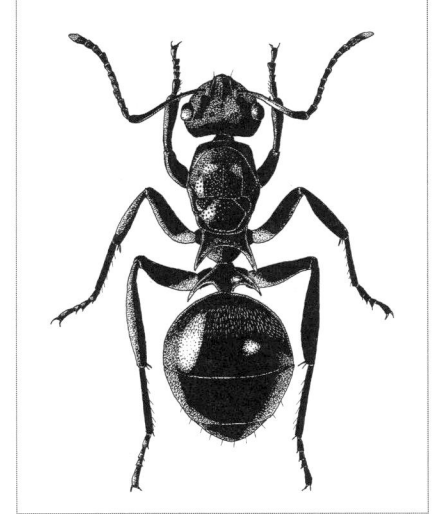

図43　ベタ塗り　　　　　　　　　**図44　完成図**

はほかにもある。たとえば脚にもそうしたところがあるし、眼も真っ黒ではなく、一部は光っている。腹部は側面が、真っ黒くなっていないことに注意が必要だ。体節の区切りもしっかりとわかるようにしておきたい。

　影の部分は、真っ黒く塗りつぶす。一方、ハイライトの部分には、何も手を加えない。しかし、その両者にまたがる領域を、どの程度、点描などで表現するかは、一番難しいところである。それだけに、納得がいく処理ができたときは、大変にうれしいものである（**図44**）。

　アリ以外の昆虫でも、基本はここまで書いたことと変わらない。例として、クワガタのスケッチをあげる。一つめは、沖縄・ヤンバルの森にすむオキナワマルバネクワガタのスケッチである。オキナワマルバネクワガタは、真っ黒くつややかな体色をしたクワガタである（**図45**）。このスケッチはとにかく大胆にベタを塗っている。思い切ってベタを塗ることで、オキナワマルバネクワガタの質感を表現したいと思ったのである。ここまで黒く塗れる昆虫のスケッチはあまりないので、ベタを塗るときに快感を覚えたほどだ。

　オキナワマルバネクワガタのスケッチと対照的なものが、マダラクワガタのスケッチである。マダラクワガタは枯れ枝などに潜んで暮らす小型のク

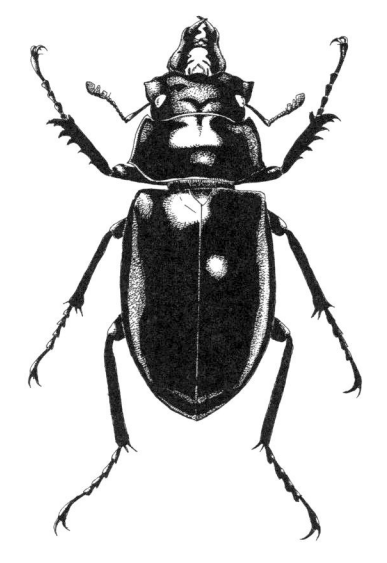

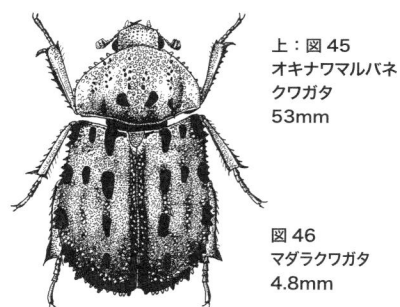

ワガタで、オスも大顎が小さく、クワガタらしくない。また、オキナワマルバネクワガタとは異なり、体表につやがなく、細かな突起や点刻で覆われている。実体顕微鏡で覗いたときは、はたしてスケッチがしきれるか心配したほどだ。輪郭を落とし、前翅の暗色部にベタを塗った後は、ひたすら0.13mmのロットリングで細部を表現していき、最終的に、なんとか納得のいくスケッチを完成することができた（**図46**）。

雑木林で一般的に見かけるクワガタのミヤマクワガタのスケッチも、例としてあげておきたい。（**図47**）。ミヤマクワガタは、前翅はつやがあり、思い切ってベタを塗れるのだが、頭部はざらついた感じの表面をしている。そのため、頭部はベタを塗らず、0.2mmのロットリングを使った点描で、ざらついた感じを表現した。また、ミヤマクワガタの前胸には多数の毛が生えている。この毛の生えた前胸をどう表現するかが、ミヤマクワガタをスケッチする場合のポイントとなる。図示したスケッチでは毛の部分を塗り残す方法と、ベタを塗ってから、白い絵の具で毛を書き足している方法とを併用している。

ミヤマクワガタの前胸をスケッチするときに使った技法を、もう少し説明しておこう。体表の細かな毛や、点刻の描き方としては2通りの方法がある。先のミヤマクワガタの前胸の表現法の説明と重なるが、「ベタを塗る」際に、その部分を塗り残すか、「ベタを塗った」あとに点刻や毛を描き加えるかである。

上：図45
オキナワマルバネ
クワガタ
53mm

図46
マダラクワガタ
4.8mm

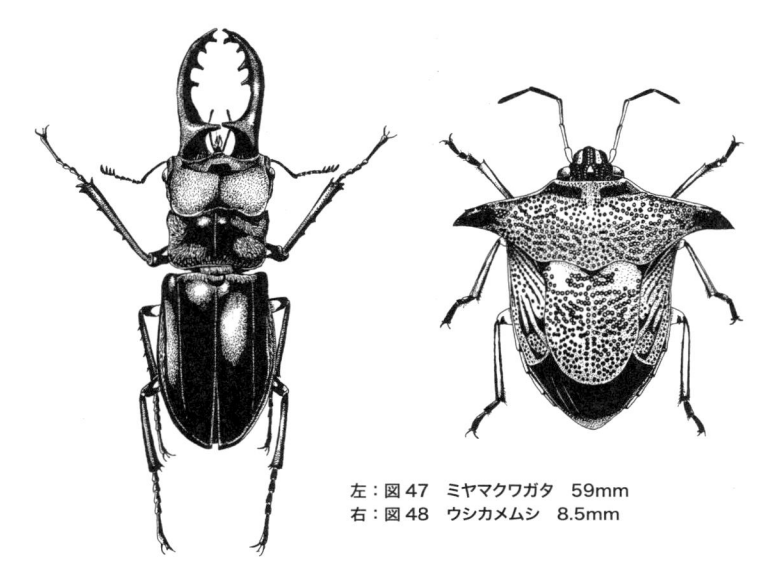

左：図47　ミヤマクワガタ　59mm
右：図48　ウシカメムシ　8.5mm

　点刻や毛を塗り残して「ベタを塗る」のは大変な手間ではある。が、この方法のほうが、よりきれいに表現ができる場合がある（先のチクシトゲアリでは、胸部の点刻のうち、一部はこの方法で描き表している）。
　「ベタを塗った」あとに点刻や毛を描き加える際は、黒く塗った部分が十分に乾いてから、絵の具の白を濃く溶いて、それを細い筆につけ、描いていく。点刻が非常に小さく、たくさんある場合や、細かな毛が多数生えているような場合には、この方法が有効である（先のチクシトゲアリのスケッチでは、腹部にある細かな毛を表現するのに、この方法をとっている）。
　甲虫のほかに、カメムシ類や、ハチ類も点刻を持つものが多く見られる。図示したウシカメムシのスケッチでは、輪郭を描いた後、ベタを入れ、その後はひたすら点刻を描いていった。そして最後に全体の陰影を、0.13 mmのロットリングによる点描で表現している。こうした昆虫をスケッチするには、かなりの忍耐力が必要とされるが、一方で、描き上げたときの喜びも大きいものである（**図48**）。
　3－7に書いた、スケッチをするときの三法則を思い出してほしい。生き物のスケッチは、ウソのつき方を身につけていくということであった。さまざまな昆虫を描くことで、一つ一つ、「こうした昆虫は、こんなふうに描くといい」ということが身についていくはずである。

コラム：昆虫の多様性①　クワガタの大顎

日本産のクワガタの大顎にも、さまざまな形状がある。

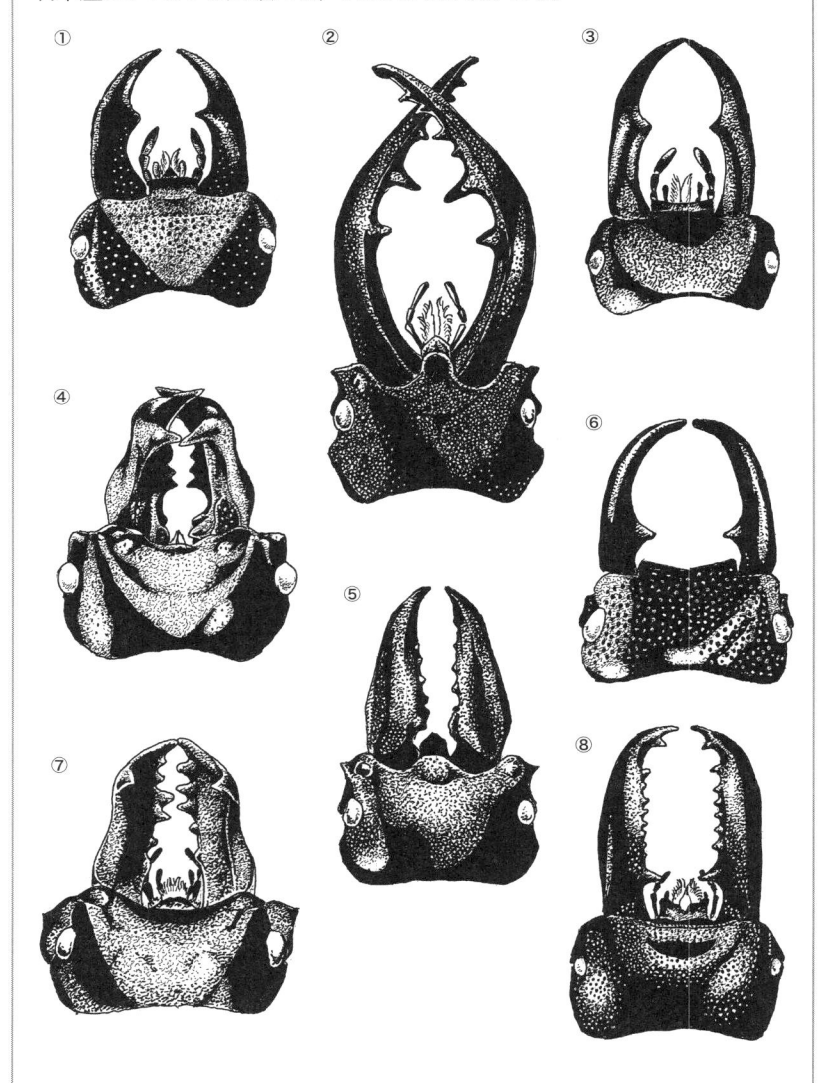

①スジクワガタ　②ノコギリクワガタ　③コクワガタ　④オニクワガタ　⑤ハチジョウノコギリクワガタ
⑥ネブトクワガタ　⑦オキナワマルバネクワガタ　⑧ツシマヒラタクワガタ

コラム：昆虫の多様性② ハサミムシのハサミ

ハサミムシのハサミにも、クワガタの大顎に負けないくらいの多様性が潜んでいることがわかる。

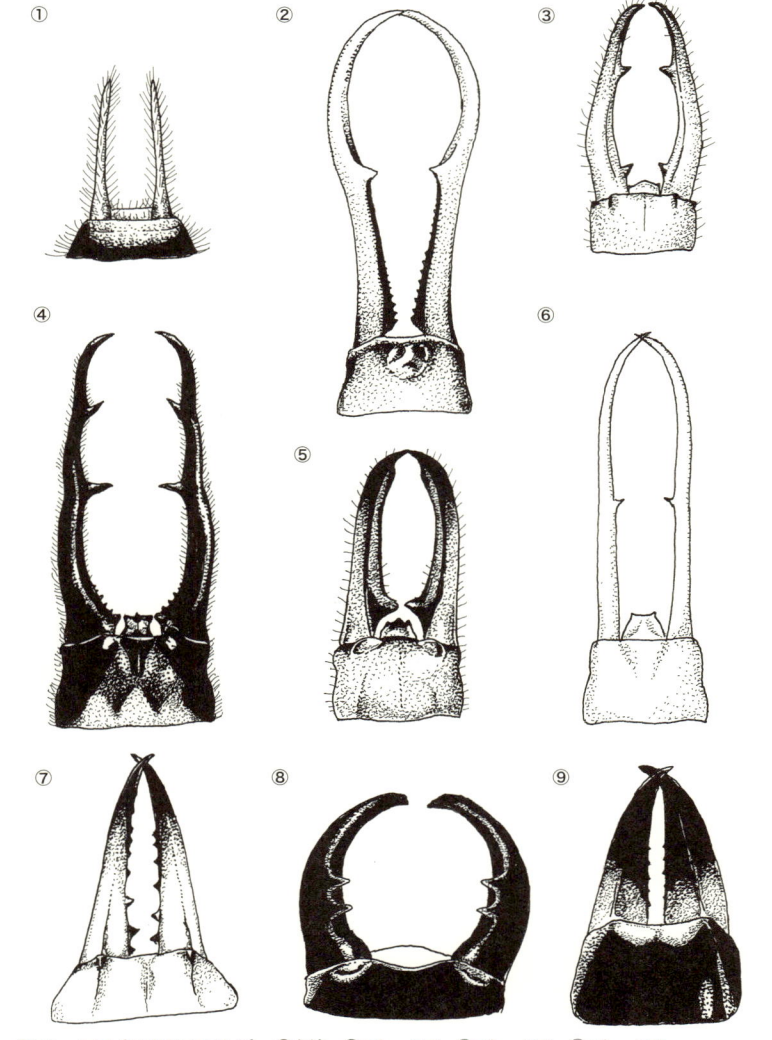

①マレーシア（ヤドリハサミムシ） ②台湾 ③マレーシア ④マレーシア ⑤マレーシア
⑥エクアドル ⑦日本（オオハサミムシ） ⑧日本（コブハサミムシ） ⑨日本（ヒゲジロハサミムシ）

4 生き物を描く——111

4–3　秋のスケッチ―キノコを描く

①「キノコ」の二重性

秋。森のあちこちで「キノコ」が目につくようになる。

昆虫に比べると、「キノコ」は格段にスケッチをしにくい生き物である。

かといって、「キノコ」自体がスケッチをしにくいわけではない。

ややこしいが、これは、日本語の示す「キノコ」に二重の意味があるということと、その意味するもののうちの一方がスケッチしにくいものであるということを意味している（そのため、ここではキノコに「　」をつけている）。

学生たちに、「知っている"キノコ"の名は？」とたずねると、スーパーで見かける「キノコ」の名前が次々にあがる。いわく、シイタケ、シメジ、エノキタケ、エリンギ、マツタケなど……である。

では、「世界で一番大きな"キノコ"を知っている？」と再度、問うて、世界一の「キノコ」の重量が推定100トンにのぼるというと、みな、一様に驚く。もちろん、学生たちの脳裏には、巨大な「キノコ」の姿が浮かんでいたはずである。しかし、実際には世界最大の「キノコ」は、そんな姿をしていない。世界最大の「キノコ」として紹介されているのはアメリカ産のヤワナラタケで、地下15 haにわたって広がる菌糸が1個体のものとわかり、その推定重量が100トンであるということなのである。この学生たちの「キノコ」に対してのイメージのギャップこそ、先の「キノコ」という言葉の持つ二重性が生み出したものだ。一般に、「キノコ」といえば、スーパーで売られているシイタケ等々の姿を思い浮かべる。しかし、それは生き物としての「キノコ」のごく一部の姿であるのだ。つまり、「キノコ」の本体というのは、地下にはりめぐらされた目に見えないほどの細い菌糸のほうなのである。その本体から、季節になって、さらに条件があうと、胞子をつくり散布する器官である「キノコ」（専門的には子実体という）が姿を現すということだ。だから、「キノコ」の本体というのは、スケッチしがたいものなのである（むろん、顕微鏡的なスケッチはなしうるものであるが）。

先のヤワナラタケの場合も、もちろん、季節になれば地上に子実体を伸ばすだろう。そうして、地上に姿を現した子実体なら、スケッチすることは

図49 オニフスベ

可能だ。ヤワナラタケの場合、発生する子実体の数は膨大なものであるだろうが、一つ一つの大きさは普通サイズだろう。ただし、そのとき、1本のヤワナラタケの子実体のスケッチをしたのなら、それは「キノコ」の一部をスケッチしているということに気を払うべきだ。

　子実体も、大きなものとなると、バレーボール大になるものがある。これは、竹林や庭先などに忽然と発生するオニフスベだ。オニフスベが竹林で生育している状況をスケッチしたものを紹介したい。こうした大きな子実体が生み出されるには、それに比す地下の菌糸の存在があるというわけだ（**図49**）。

　オニフスベのように、大型の子実体をつくる菌類があるその一方、菌類の中には、一生、そのような肉眼的サイズの構造物をつくらないものもある。カビと呼ばれるものたちが、そうした菌類である。また、極端な話、菌類には単細胞のものも知られている。それが酵母である。

こうして見ると、やはり菌類は本来、肉眼では見えない微生物界の住人であるといえる。しかし、その微生物界の住人が、種類や時期により、肉眼で見えるサイズの体となって立ち現れることがあるというわけだ。逆にいえば、菌類の中でそのようなものだけを「キノコ」と呼びならわしている。菌類にもさまざまなグループがあるが、肉眼でわかる、「キノコ」（子実体）と呼べるような構造物をつくりあげるものは、ほとんど担子菌類と子嚢菌類の仲間に限られ、しかも、いわゆるキノコ型をしたものやサルノコシカケの仲間など、日常、「キノコ」（子実体）として認識する機会があるのは、おおむね担子菌類である。

　繰り返しになるが、菌類は本来、微生物界の住人である。そのため、菌類の観察には、透過型顕微鏡が欠かせない。が、本書ではあくまで肉眼、または実体顕微鏡で観察し、スケッチができる範囲までを扱うこととする。

② 毒キノコの謎

　かつて、生き物の世界は大きく植物界と動物界に二分されていた。その当時、菌類はシダやコケや藻類と同じく隠花植物の一員とされていた。しかし、その後、菌類は植物、動物とは別個の独自のグループとされ、さらに近年の遺伝子による解析によって、菌類は植物よりもむしろ動物に近縁であることがわかってきた。菌類は植物とも動物とも異なった独自の「れきし」を持ち、当然、独自の「くらし」を持つ生き物である。では、そうした菌類の中で、スケッチできる存在として、キノコ（以下、肉眼的な大きさの子実体、またはそうした子実体を持つ菌類のことを指す）を見ていくこととしよう。

　秋、雑木林に出かけてみると、スーパーでは決して見ることのないキノコが、あれこれ見つかる。その中には、毒キノコもあれば、食用となるキノコもある。また、毒はないものの、食用とはならないものもある。食用を目的としたキノコ狩りではなく、研究用の場合、キノコは乾燥標本として保存する。いわば、干しシイタケのようなものだ。干しシイタケを思い浮かべてもらえばわかるように、乾燥したものは、生のときとは色も形も変化してしまう。そのためキノコを採集したら、スケッチをしたり、写真を撮ったりして生時のときの様子を記録しておく。一昔前のキノコ図鑑をひもとくと、研究

者自身のスケッチになるキノコの絵が解説用の図版に使われている。キノコの場合、傘やひだの色、断面に切ったときの色の変化などが、種の判別に欠かせない情報になるので、スケッチはカラーが必須だ。そのため、キノコの場合は、本書でここまで紹介してきたような単色のスケッチは、種類がはっきりとわかっているもの以外、有効ではない。キノコのスケッチも、これまで紹介してきた植物や昆虫のスケッチと基本は変わらない。実際のキノコのスケッチをいくつか紹介する（**図50**）。

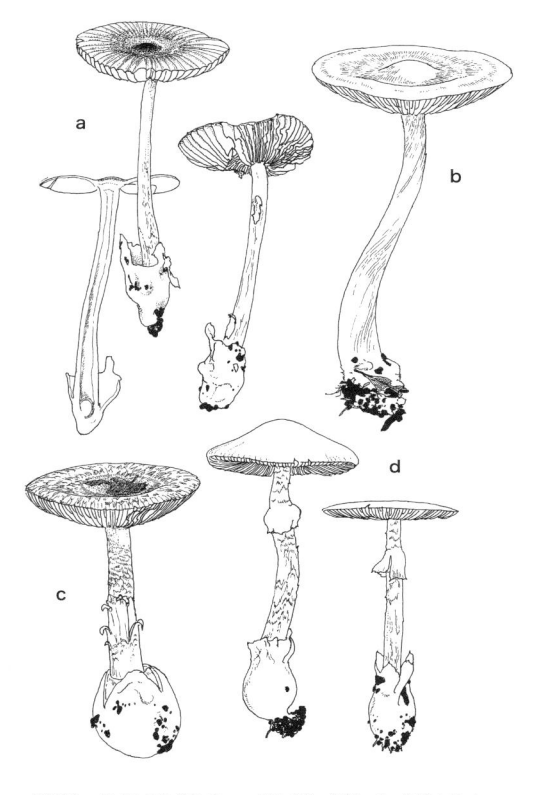

図50　キノコのいろいろ　a: ツルタケ（食）　b: クサウラベニタケ（毒）　c: フクロツルタケ（毒）　d: ドクツルタケ（毒）

　このスケッチには、埼玉の雑木林で採集した、ツルタケ（食用）、ドクツルタケ（猛毒）、クサウラベニタケ（毒）、フクロツルタケ（猛毒）が描かれている。これらのキノコを選んでスケッチをしたのにはわけがある。スケッチをする数日前、たまたま飲み屋に居合わせた客の1人が発した「虫が食っているキノコは大丈夫だ……」という声が耳に入ったことによっている。キノコ狩りの話題の中の発言である。

　結論からいってしまうと、毒キノコに共通する見分け方というのはない。「食用のキノコ」と「毒のキノコ」は、どちらにせよ、1種ずつ認識していくしか手がないのだ。山菜・野草の場合は、おおよそキク科は食べることができるといった判断ができるのだが、キノコだとグループをまとめたそうした判断もできない。キノコの中に、傘の裏がひだ状になっていないイグチ科

と呼ばれるキノコのグループがある。イグチ科のキノコの傘の裏はスポンジ状となっているので、素人でもこの仲間のキノコであることがすぐにわかる。また、このイグチ科には各地で食用とされるアミタケや、ヨーロッパで好んで食されるヤマドリタケなどがある。しかし、このイグチ科の中にもドクヤマドリといった毒キノコがあるのである。

「虫が食っているキノコは大丈夫だ」というのは俗信である。しかし、自分自身でデータをとったことがないことに、このとき気がついた。そこで、野外に出かけて、「キノコ狩り」ならぬ「毒キノコ狩り」をしてみることにしたわけである。毒キノコを見つけ、はたしてその中に虫食い跡があるかどうかを見てみようと思ったのだ。

いざ、探してみると、そうそう、毒キノコばかりは見つからない。また、先の4種のうち、はっきりした虫食い跡があったのは、食用キノコのツルタケだけという結果になってしまった。これでは俗信は正しいという結果になってしまう。ちなみに、「虫食い」といってはいるが、この「虫」は「嫌いな虫は何？」というところで考えたような、広い範囲においての「虫」を意味している。キノコに大きなかじり跡がある場合、それは昆虫というより、ナメクジなどが犯人である可能性のほうが高い。マツタケを食べにくる「虫」を撮影した結果によると、ナメクジのほかにはハネカクシ、デオキノオムシ、キノコバエ、センチコガネ、カマドウマなどの昆虫が姿を現したという。

自分自身の1回きりの観察では、俗信が正しいのかまちがっているのかというはっきりしたデータを出すには至らなかったが、この問題については、すでにファーブルが言及している。つまり、「虫の胃袋とわれわれの胃袋は違う」と。昆虫が食べるからといって人間が食べられるとは限らないし、その逆もあるということである。たとえば、「逆」の例として、ハエトリシメジは、人間には食用可能であるのに、ハエを殺す毒を持つ。また、猛毒のドクツルタケの中で「楽しそうに」暮らしているトビムシ類（昆虫に近縁の土壌動物）を紹介している文献もある。

それにしても、なぜ毒を持つキノコがあるのだろうか。キノコを食べる動物を毒で殺したとしても、キノコにはさほど益があるとは思えない。なぜなら、キノコの本体は地下の菌糸であり、キノコはほんの一時的にしか姿を現

すことがない、胞子を散布する器官であるわけだから。

　毒キノコがなぜ毒を持っているのかについては、はっきりとはわかっていない。が、ここでもう一度考える必要があるのは、菌類は微生物界の住人であるということである。つまり、毒キノコの毒も、本来的には微生物界の中でこそ、意味があるのではないかということだ。菌類は自分で栄養をつくりだすことのできない従属栄養の生き物である。そのため、資源をめぐって、ほかの微生物界の住人（菌類以外にも、細菌など）との競争があるだろう。その競争のために化学物質が使われることがある。有名な例が、抗生物質を生産するアオカビである。つまり、毒キノコの毒は本来的にはほかの微生物に対する毒であるのだが、それがたまたまマクロな生物（ヒトや昆虫）にも効いてしまう場合があるということではないのだろうか。第1章で紹介した冬虫夏草も菌類であるが、その中には、薬効成分があるとされているものがある。これも、昆虫にとりついたあと、子実体を成長させるまで長い時間がかかるものがあることから、ほかの微生物に侵されないように、化学物質を持つようになっているのではないかと考えられる。

③ キノコと昆虫

　キノコの「くらし」の中心は微生物界にあるが、子実体はマクロな世界に出現するものであるわけだから、当然、マクロな世界の生き物とも交渉がある。そのため、キノコの中には、積極的に昆虫を寄せるようになった種類もある。その一つがスッポンタケ（**図51**）である。スッポンタケの幼菌は卵状であるが、やがてその卵が破れ、中からスッポンの頭部を思わせる尖った頭部と白い茎を持つキノコが伸び上がっていく。この頭部には網目状のしわがあり、暗色の萌木色をしたグレバと呼ばれる液体状のものが付着している。このグレバに胞子が含まれているのだが、グレバは猛烈なニオイがする。このニオイに惹かれてやってきたハエが頭部にとまると、グレバがハエの体に付着し、胞子が散布されるというしくみになっている。

　このスッポンタケの仲間に、大変、華麗な姿をしているキノコとして有名なキヌガサタケ（**図52**）がある。このキノコは、レース状のマントを身にまとっているのである。しかし、竹林に生えていたこのキノコを見つけて

図52　キヌガサタケ

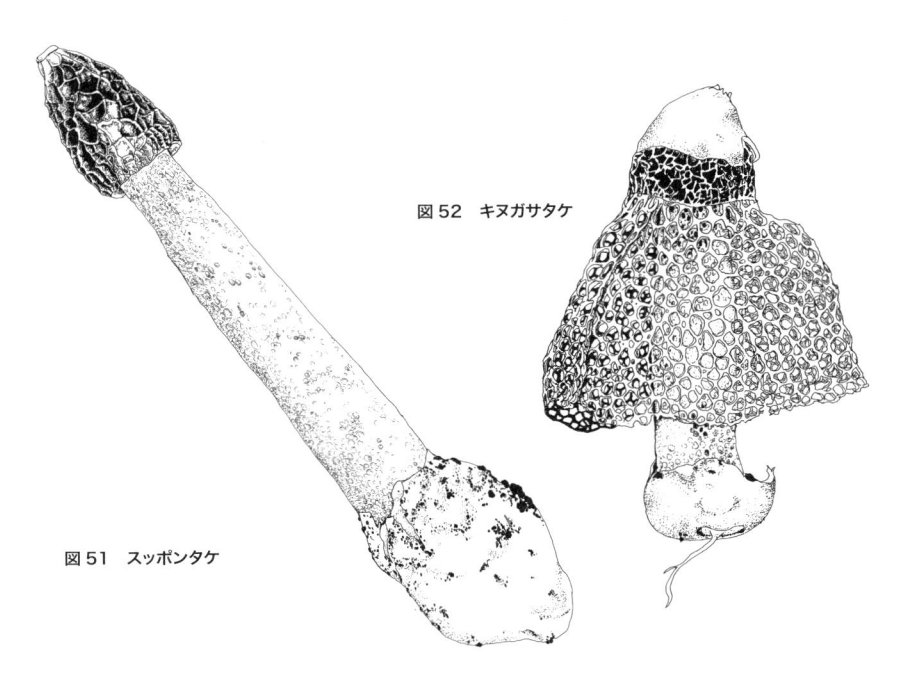

図51　スッポンタケ

　感激し、さっそく持ち帰って室内でスケッチしていて、頭が痛くなりそうになってしまったことがある。キヌガサタケはスッポンタケの仲間なので、姿は華麗でも、グレバの発するニオイは強烈なのだ。もっとも、このキヌガサタケの茎の部分は中華食材として知られている。ニオイがきついのは、グレバだけで、キノコ自体は食用可能なのである。同様、スッポンタケの茎も、グレバが付着しないようにして調理すると、食べることができる。

　枯れてまもないマツに生える、小型のサルノコシカケの仲間であるヒトクチタケには、特有の昆虫たちが集まることが知られている。ヒトクチタケに集まるのは、甲虫の仲間のオオヒラタケシキスイ、カブトゴミムシダマシ、ヒラタキノコゴミムシダマシである。ヒトクチタケの傘の裏には覆いのようなものがついているが、成熟すると、その覆いの一部に丸い穴が開く。ヒトクチタケに集まる昆虫は、この穴を介して出入りし、キノコ本体に産卵をおこなう。もちろん、幼虫はキノコを食べて育つ。こうしてみると、キノコにとって、昆虫たちはやっかいもののようであるが、どうやらこの昆虫たちはキノコを食べる反面、キノコの胞子の分散にも役立っているようである。こ

うなると、一種の共生関係にあるともいえる。ヒトクチタケ自体はそれほどめずらしいキノコではないが、ちょうど昆虫たちが集まっている状態のヒトクチタケにはなかなか出会えない。

　昆虫のほうが積極的にキノコを利用する場合もある。それが菌園をつくり、キノコを栽培するシロアリの仲間だ。本土でも見ることのできるヤマトシロアリやイエシロアリは、エサとしている木材中に巣をつくり、シロアリ自体が木材を食べ、腸内の微生物の力も借りて木材を消化し、栄養に変える。ところが、琉球列島南部以南には、タイワンシロアリなどの高等シロアリと呼ばれるシロアリの仲間が分布している。このタイワンシロアリは木材中ではなく、地中に巣をつくり、働きシロアリが巣外からエサを運び込む。運び込まれた植物片はシロアリが食べるが、消化されるのはごく一部で、大部分は糞として排出され、その糞がキノコの培地となる。キノコは巣内の菌園と呼ばれるスペースで栽培され、その菌をシロアリがエサとして利用する。このことからわかるのは、木材はシロアリにとっても利用しにくい資源であるので、菌の力を借りて、より利用しやすくしているということだ。菌園で栽培されている菌は、梅雨明けごろになると、子実体を地表まで伸ばすことがある。シロアリの菌園から発生するのはオオシロアリタケと呼ばれるキノコで、西表島では、これをジーナバ（地面のキノコ）と呼び、食用としてきた（**図53**）。実際に口にしてみると、大変おいしいキノコである（ただし、ややもろいので、持ち運びに注意が必要である）。

　ほかにもまだ、菌と昆虫との関係はいろいろとある。マクロサイズの観察で菌を見ていく場合の一つのヒントは、生き物同士の「つながり」を探るということになるだろう。

④ キノコから「つながり」を探る

　シイタケは、ほだ木と呼ばれる培地に人工的に菌を接種することで栽培がおこなわれている。一方、マツタケはこのような人工的な栽培ができない。なぜなら、マツタケは生きたマツと共生関係を結んでいるためである。この共生関係は菌根と呼ばれるシステムによってなされており、マツタケは菌根を形成する菌、菌根菌の一つであるということができる。

図 53　オオシロアリタケ

　マツタケを例にすると、菌根を介して、マツタケはマツに土壌養分と水を与え、マツからマツタケには光合成によってつくられた糖分が渡される。このように、両者は相利共生的な関係にあり、マツタケはマツが存在していないと、生育することができない。

　有名な食用菌の一つにトリュフがある。トリュフもまた、菌根菌である。トリュフも高価なキノコとして有名だが、近年、人工的に菌を感染させた苗

木を植栽することで、「トリュフ園」をつくる試みがなされるようになっている（マツタケでは成功していない）。また、トリュフはイヌやブタの嗅覚を使って探すという話も有名だ。トリュフは地下生菌と呼ばれる、一生を地面の下で暮らすキノコであるからだ。トリュフは、一般のキノコと違って、傘型の形をしておらず、球体をしている。かつてはこうした球形のキノコは独立した分類群におさめられていたのだが、近年のDNA解析などにより、球形となったのは、地下生活への適応であり、傘型をしたキノコとそれほど遠縁ではないことがわかってきた。日本でも昔から食用として利用してきた地下生菌のショウロもまた、菌根菌の一つだ。マツと菌根を形成するショウロは、海岸のマツ林で見られる。この球形をしたショウロは傘型をしたイグチの仲間に近いことがわかっている。

　じつはマツタケやトリュフといった菌根を形成する菌は、特殊なものではない。種子植物に加えて、コケ、シダを含めた全陸上植物のおよそ９割が菌根を持っているといわれているのである。むろん、菌根菌にも多数の種類が知られている。菌糸は目に見えることはないのだけれど、森の下には膨大な種類の菌が、これも膨大な量の菌糸をはりめぐらしており、その菌糸が森を支えているというわけなのだ。４－１で陸上植物の進化について少しふれた。この植物の上陸時、乾燥や寒冷というストレスに対して、植物は菌と共生するための菌根を発明することで乗り切ったのだといわれている。菌根は植物の上陸時にまで「れきし」をさかのぼるものであるのだ。また菌根システムも時代によって変化があり、外生菌根というもっともすぐれたシステムを持つ、マツ科、ブナ科、カバノキ科などの植物は、この菌根を武器にして、地球上の広い範囲で繁栄を誇っている。つまり、森をスケッチするとき、それは目には見えない菌根のつくりあげた「成果」を描き表しているともいえる。

　こうした菌根システムが広まる中で、菌根をうまく利用しようという生き物も中には現れた。それが腐生植物と呼ばれる植物たちである。雑木林では、梅雨ごろに、シャクジョウソウ科のギンリョウソウ（**図54**）の姿を見ることができる。ギンリョウソウは花をつける植物ではあるけれど、真っ白で葉緑体を持たない。そのためユウレイタケという異名も持つ。ただし、自

身で落ち葉を分解するわけではない。また、菌類と共生するわけでもない。ギンリョウソウは、菌根菌から一方的に栄養をもらい、成長する植物なのである。森の地下で、菌根菌は提携する植物を探して菌糸を伸ばす。しかし、誤ってギンリョウソウと接触してしまうと、ギンリョウソウに一方的に栄養を吸い取られる羽目になるということだ。

アメリカでの研究によると、北米西岸のダグラスモミは多くの種類の菌根菌と共生関係を結んでいるが、その森に生えるシャクジョウソウの一種は、菌根菌の中でもショウロの仲間の1〜2種のみと関係しているのだという。つまり、菌根菌が手を伸ばしてきたとしても、シャクジョウソウのほうで、えり好みをするということだ。なぜ、この植物がショウロの仲間を選ぶのかというと、この森の中で、ショウロの仲間がもっとも栄養獲得能力にすぐれているからであろうと考えられている。

同じように球形をした地下生菌であっても、ショウロは担子菌類であるが、ツチダンゴは子嚢菌類に属している。このツチダンゴも菌根を形成する。そして、ツチダンゴから栄養を搾取する生き物というのも存在している。それが冬虫夏草のタンポタケの仲間である（**図55**）。冬虫夏草については第1

図54 ギンリョウソウ

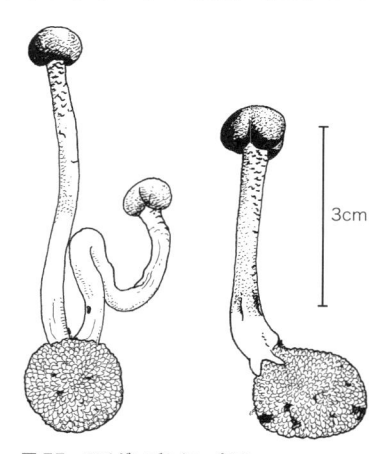

図55　ツチダンゴとタンポタケ
地下生菌のツチダンゴ（球状のもの）に寄生した、冬虫夏草のタンポタケ

章で紹介した。冬虫夏草は昆虫やクモに寄生する菌の仲間なのであるが、一部の種類は地下生菌であるツチダンゴに寄生する。これもDNA解析から、ツチダンゴに寄生するタンポタケの仲間は、冬虫夏草の中でもセミにとりつく種類と近縁であることがわかっている。セミの幼虫も地下にすみ、植物の根から栄養を吸い取る「くらし」をしているものであるから、本来、セミに寄生していた菌が地下生菌に宿主転換を起こしたものと考えられている。

　林床には、シャクジョウソウ科の植物以外にも、ホンゴウソウ科の植物や、ヒナノシャクジョウ科の植物（図56）といった、別箇の分類群に位置しながら、やはり、腐生植物として、菌類に頼って暮らす植物たちがいる。また、無葉ランと呼ばれるランの仲間も同様、菌類に頼って暮らす植物たちだ。このようなさまざまな植物が菌類に頼っていることは、それだけ菌類が生態系の中で果たす役割が大きいことの証だ。こうしてキノコを見ていくと、菌根菌が地中の養分を木に渡し、木が光合成産物を菌根菌に送り、その菌根菌がシャクジョウソウの仲間や冬虫夏草の仲間に栄養を取られ……と、森の中にあるさまざまな「つながり」が少しずつ見えてくる。

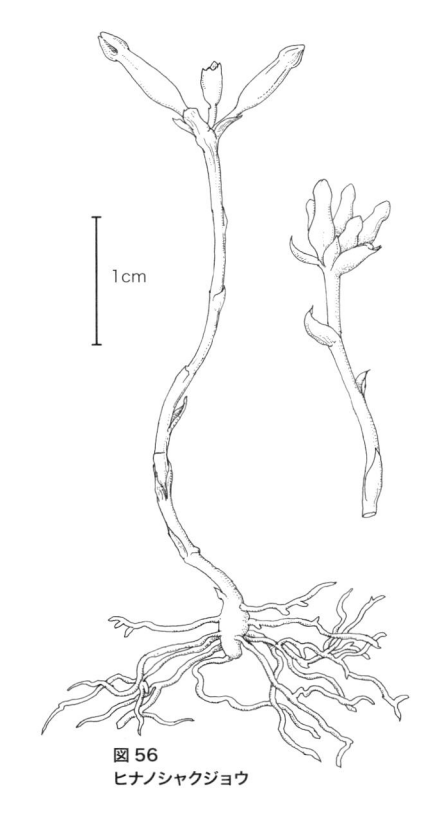

　そんな「つながり」をスケッチしてみることにした。

　具体的な対象としたのは、腐生植物であるヒナノシャクジョウソウ科のシロシャクジョウである。シロシャクジョウは、地下の菌類や、その菌類と共生する木々あっての存在なので、生息環境も含めてスケッチをしてみたいと思う。

図56　ヒナノシャクジョウ

図 57 シロシャクジョウ　フィールドスケッチ

図58　シロシャクジョウの生える森　完成図

1cm

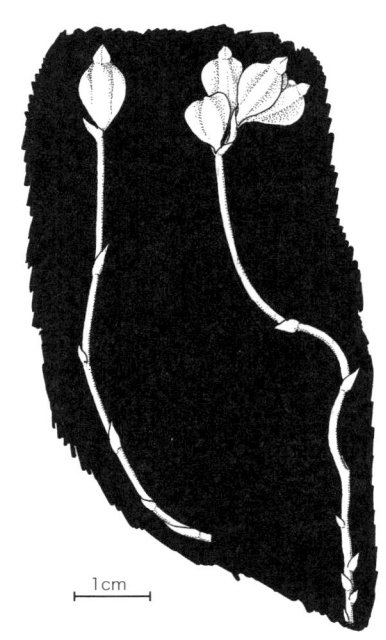

図59　シロシャクジョウ　細密スケッチ

　フィールドでシロシャクジョウを見つけたとき、現地で描いたのが図57である。フィールドにおいて、ロットリングは使い勝手が悪いため、このスケッチには、先に紹介したuni-ball UB-155を使っている。これとは別に、持ち帰ったシロシャクジョウのスケッチも描いておいた（図59）。これらの、現地のスケッチと、資料用の植物の細密スケッチ（必要に応じて、現地から落ち葉などを持ち帰り、それも作画のときの資料とする）をもとに描いたものが図58である。

　生き物同士の「つながり」を考えたとき、もっとも原初的な「つながり」は「食う―食われる」というものであるだろう。そう考えたとき、冬虫夏草というキノコは、「食う―食われる」という関係をきわめてシンプルに提示する存在であることに気づく。だからこそ、冬虫夏草を見つけると、スケッチをしたいという衝動にかられる。冬虫夏草の場合は、キノコの本体である菌糸が、宿主となる昆虫の中におさまっているというのも、菌の中では特異的だといえる。冬虫夏草は、生き物として、まるごとの姿をスケッチできる稀有な菌であるといえるわけだ。

　冬虫夏草はキノコとしては微小なサイズのものが多いので、スケッチをする際、細部は実体顕微鏡を使って観察する必要がある。冬虫夏草は子嚢菌類であるので、ひだを持った傘型の子実体はつくらない。棒状の子実体の頭部に、胞子を入れた袋（子嚢）を含む粒（子嚢殻）を散在させるというのが、基本的な形態だ。微細ながらも、実体顕微鏡で観察すると、その子嚢殻の色や形には種によってさまざまな違いがあり、その多様性に惹き込まれる。

　冬虫夏草のスケッチをするには、セミタケ類など子実体が細長いものは一度に実体顕微鏡の視野に入らないので、ルーペを覗きながら、紙に全体の

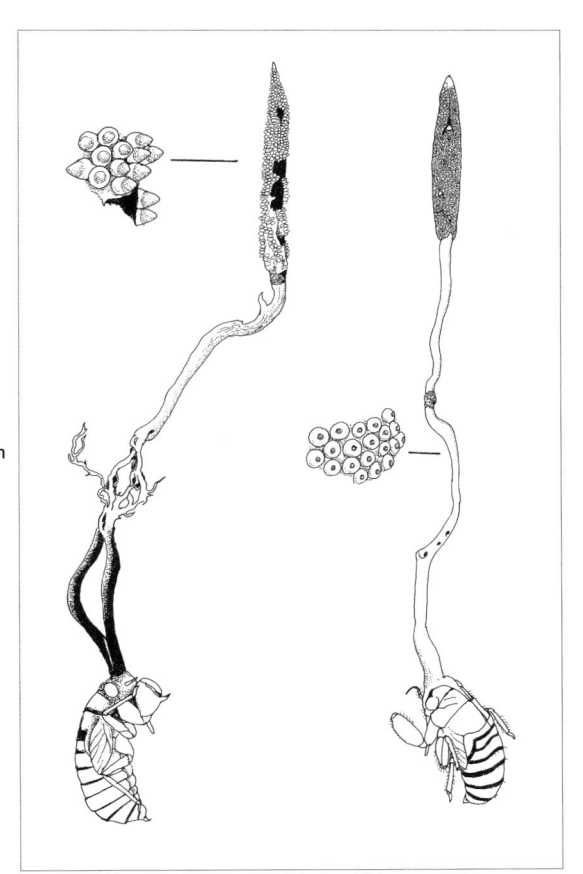

図60　セミタケ類
左：ツブノセミタケ　90mm
右：ヤクシマセミタケ　114mm

大まかな輪郭を落とし、そこから実体顕微鏡を見ながら細部を観察し、描き入れていく。図示したものは、そうしてスケッチをしたセミタケ類のスケッチである。ツブノセミタケは、子実体の頭部にある子嚢殻の粒が名前のとおり粒だっている。これを表現するため、子嚢殻のついた子実体頭部は輪郭を描かず、直接、子嚢殻の粒を 0.13 mm のロットリングで一つ一つ描いている。これに対してヤクシマセミタケの子実体頭部は、子嚢殻がそれほど突出していないので、子実体頭部に関しても、ほかの部分同様、0.2 mm のロットリングで輪郭を落としている(**図60**)。なお、冬虫夏草は乾燥してしまうと変色・変形してしまうので、平たい容器に水で濡らしたティッシュなどを敷き、その上に冬虫夏草をおき、スケッチをしていくといい。

4–4　冬のスケッチ—鳥を描く

① 鳥たちの「くらし」の断面

　冬。落葉樹が葉を落とし、昆虫たちも姿を消した。その中で、わずかに鳥の姿が目に入る。

　キノコの子実体をスケッチするということは、キノコという生き物の一部を描いているにすぎないということを書いた。だが、そもそもスケッチをするということは、生き物の「くらし」や「れきし」の、瞬間や断面を表すことであるだろう。となると、もともと「くらし」や「れきし」の瞬間や断面を表しているような素材は、スケッチに適している。ではそれは、どんな素材か。

　冬場、先の尖った枝先や有刺鉄線などに、モズのはやにえが刺されていることがある（**図61**）。僕の見てきたフィールド（千葉……沖縄島にはモズがいない）では、ウメの枝先に見られることが多かった。図を見てもわかるように、モズがはやにえに選ぶメニューは、さまざまである。図にはあげられていないが、小型の哺乳類や鳥、川魚などがはやにえとされる例もある。モズはさほど大きくはない鳥ではあるが、ときには小哺乳類や鳥さえも獲物とする、なかなかに獰猛な鳥だということがわかる。はやにえは、モズという鳥の「くらし」の断面なのだ。

　そもそもはやにえはなぜつくられるのだろうか。モズがはやにえをつくるわけには以下のような説がある。

　本能説（目の前の獲物を見ると、食欲がなくても捕まえてしまう）
　固定説（脚が強くないので、獲物を枝に刺してひきさく）
　なわばり説（冬につくられるなわばりの目印）
　貯食説（冬のエサ不足のための蓄え）

　また、モズがはやにえにせずに直接に捕食した獲物とはやにえにされる獲物では種類が異なることから、「食べにくい獲物」をはやにえにしているのではという仮説も出されている。

　モズの周年観察では、冬場だけでなく、一年中、はやにえは見られるという観察結果が報告されている。これからすると、上記のうち、貯食説やな

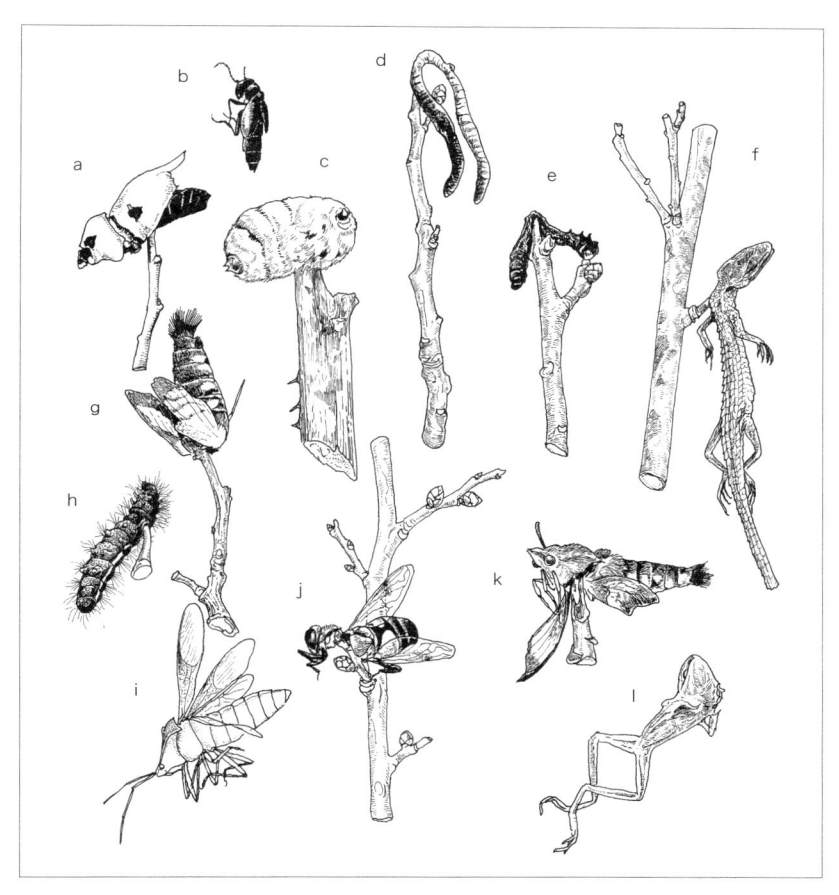

図61 モズのはやにえ（千葉）　a：オオキンカメムシ　b：ツチハンミョウの一種　c：ヤママユの腹部
d：ミミズ　e：イモムシ類　f：カナヘビ　g：ホウジャク類　h：ケムシ類　i：オオクモヘリカメムシ
j：ハナアブ　k：ホウジャク類　l：アマガエル

わばり説はあてはまらないことになる。はやにえに関しては、このように、まだはっきりとした定説があるわけではないが、モズという鳥の基本的な捕食行動の一端であることは確かだ。

　はやにえを多数見ていくと、獲物とされた昆虫で、「こんな昆虫も食べているのか」と思わされるものがあることに気づく。一般の鳥では敬遠しそうなケムシや、カメムシの仲間もはやにえとされている。すばやく飛ぶホウジャクの仲間も獲物となっているし、ハチに擬態しているハナアブも捕まえられ

4　生き物を描く——129

ている。それどころか、毒針を持つミツバチ自体もはやにえとされていることがある。一番驚かされたのは、一例だが、強い毒（カンタリジン）を持つツチハンミョウの仲間がはやにえとされているのを見つけたことだ。ツチハンミョウを食べて、大丈夫なのだろうかとも思ったし、こうした例を見ると、モズは捕まえたものはなんでもはやにえにしてしまう習性があるのだろうかとも思ってしまう。

いったい、鳥は何を食べているのだろうか。はやにえ以外からも、「くらし」の断面を見る機会はないだろうか。

鳥たちの「くらし」の断面をスケッチする。

石垣島の森の中で、立ち枯れた木のうろにつくられたアカショウビンの巣を見つけた。巣の周囲を見渡すと、さまざまな生き物たちの残骸が散らばっていた。アカショウビンが雛に与えたエサの食べかすである（**図62**）。これを夢中になって拾い集める。拾い集めた食べかすを並べスケッチしていくと、アカショウビンの「くらし」の一端が紙の上に現れてくる。雛のエサとなっていたのは、この巣においては、クマゼミ、タマムシ類、サワガニ類、バッタ類などがおもなものであるのがわかる。かつて、保護されたカルガモの雛を飼育した経験があるが、小型のムカデなども平気で食したカルガモも、タマムシだけは歯がたたずに吐き出した。そんな体験があるので、タマムシを何匹もたいらげているアカショウビンは、「かわりだね」の鳥だと思ってしまう。その大きなクチバシは伊達ではないのだ。

河原のコンクリート護岸の上を見て歩くと、アカショウビンと同じ仲間のカワセミのペリットが見つかることがある。ペリットというのは、エサを丸のみした鳥が、口から吐き出した不消化物の塊のことだ。魚食性のカワセミの場合、ペリットは魚の骨の塊であり、小魚の骨でできたペリットは、繊細なガラス細工のように見える。埼玉の河原で採集したペリットをほぐしたものを、実体顕微鏡で覗きスケッチしたものが図示したものである（**図63**）。バラバラになった骨は、どこの部分だかわからないものもあるが、中には特徴的な骨も見つかる。それが、コイ科の咽頭歯である。魚の多くはエラのところにも歯を持つが、コイ科の咽頭歯は固有の形をしているので、ペリットに含まれていれば、それとわかる。実際に川にすんでいる魚の骨格標

図62　アカショウビンの巣と、その周囲に散らばっていた雛の食べかす

本を作製すれば、咽頭歯から種類の同定まで可能であるだろう。

② 胃の中身に見る「くらし」

　鳥の「くらし」の断面が見える素材は、まだある。もっとも端的に「くらし」の断面を教えてくれるものは、事故死した鳥の胃袋の中身であるだろう。

　事故死したヤマシギを解剖し、胃の内容物を調べてみる。胃袋をシャーレに取り出し、ハサミで切り開く。内容物は最初、塊状で何が入っているかがわかりづらい。そこでシャーレにアルコールを少量注ぎ、内容物をほぐし、

4　生き物を描く——131

図63　カワセミのペリットの中身（埼玉）　※は咽頭歯

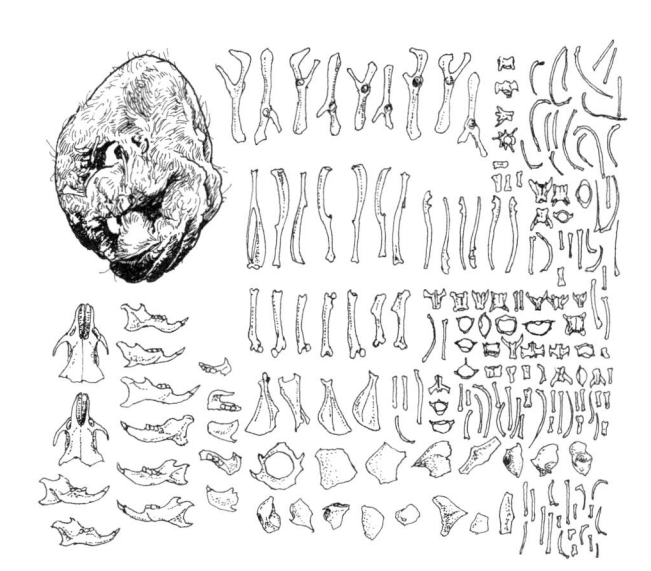

図64 トラフズクのペリットとその中身

バラバラになった内容物を紙の上などに並べていく。

　ヤマシギは、大変、細長いクチバシをもった鳥である。そうした姿から、おそらくミミズが好きであろうというイメージを持っていた。では、実際、胃の中からは、どのようなものが取り出されただろうか。胃の中からは、確かにミミズも見つかったが、そのほかにジムカデが何匹も見つかった。またガガンボの幼虫も入っていた。ヤマシギはイメージどおり、土壌中の細長い生き物を食べるのを好むようなのだが、それは、ミミズには限らないのだということを知った。

　フクロウの仲間に、おもに昆虫を食べるアオバズクがいる。アオバズクがどのような昆虫を食べているかの一例を、事故死したアオバズクの胃の中身をスケッチしたもので紹介することにしよう（**図65**）。この個体は石垣島産のものだが、オキナワオオカマキリ、トノサマバッタ、オガサワラクビキリギス、フタホシコオロギなど、直翅類ばかりをたらふく食べていた。オキナワオオカマキリは草むらで見つかるカマキリである。トノサマバッタも同様の環境にすむ直翅類だ。このアオバズクは草むらで採食していて、交通事故にまきこまれたのである。

　事故死したサシバの胃中からも、ツチイナゴとモリバッタが出てきたこ

4　生き物を描く——133

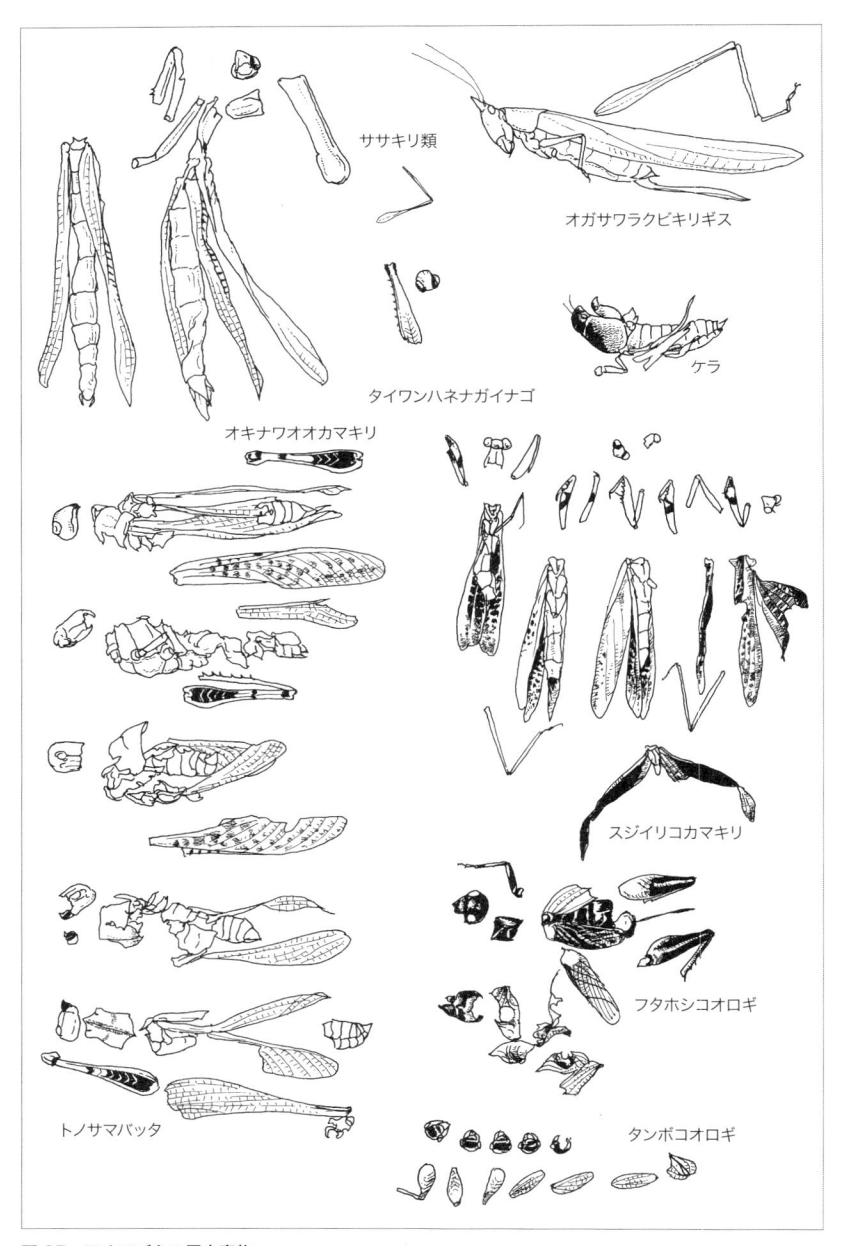

図65　アオバズクの胃内容物

とがある。サシバは猛禽類であるから、これを見たときは、それまで思っていたサシバのイメージと異なると少し驚いてしまった。ツチイナゴは草むらにすむが、モリバッタは名のとおり、森林の中で見られる直翅類だ。となると、林縁のような環境で、このサシバは採食をしていたのだろう。もちろん、サシバが昆虫だけを獲物としているわけではなく、別個体の胃中からは、ネズミが出てきたこともあるし、ヤモリ類、キノボリトカゲ、アオカナヘビと爬虫類ばかりが出てきた例もある。キノボリトカゲは森林性だが、アオカナヘビは草むらや低木上で見つかる爬虫類だ。この個体のメニューも、採食現場がやはり林縁であることを思わせる。

　今度は鳥の種類ごとによる胃の内容物紹介ではなく、昆虫の種類ごとに、どんな鳥に捕食されているかを見てみることとしたい。まずはゴキブリだ。学生たちにとって、「嫌いな虫」の代表であるゴキブリは、鳥たちにとっては忌避すべき昆虫ではない。事故死したアカショウビンの胃中からヤエヤママダラゴキブリが出てきたことがある。また、同じくゴイサギの胃中からは、ワモンゴキブリとオガサワラゴキブリが見つかった（図66）。わずかな例だが、自然界の中では、ゴキブリは決して「嫌われ者」ではないということを示してくれるいい例である。

　「嫌いな虫」ということで、臭いニオイを出すカメムシについても見ておきたい。カメムシは鳥に忌避されているだろうか。メジロの胃の中を3例図示する（図67）。メジロの胃は長径12 mmほどである。メジロは花の蜜なども好むが、この3例からわかるのは、よく昆虫を捕食しているということだ（季節による違いもある）。バラバラになってしまっている場合は、どんな昆虫が捕食されたのかがわからないものの、中には特徴的だったり、まだ形が残されていたりする場合がある。3例のうち1例の胃の中身がそうした場合で、まだ形が残っているアリ類（ヒゲナガアメイロアリ？）と、特徴的な点刻からカメムシのカケラであると判断された胃内容物が認められた。

　ゴキブリと違って、臭いニオイを出すカメムシは、鳥の捕食を免れているのではないかと思っていたのだが、このように、鳥の胃の中からカメムシが見つかることがある。

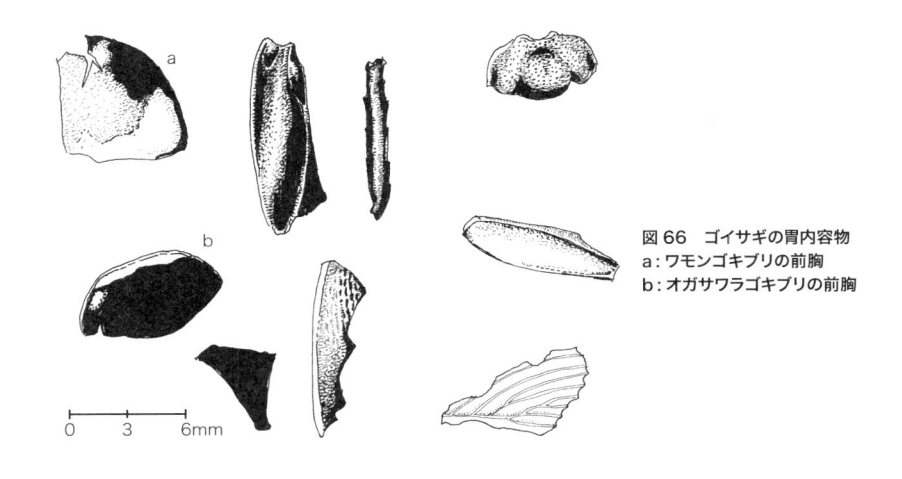

図66 ゴイサギの胃内容物
a：ワモンゴキブリの前胸
b：オガサワラゴキブリの前胸

　籠脱けと呼ばれる鳥たちがいる。もともと飼い鳥だったものが、野生化しているもののことだ。ソウシチョウもそうした鳥の一つで、埼玉にいたころ、この野生化したソウシチョウの事故死体を解剖する機会があった。胃の中から出てきた昆虫のパーツには多数の点刻があった。カメムシの仲間の特徴である。この例では、手元のカメムシの標本と見比べることで、種類まで確定をすることができた。このソウシチョウが食べていたのは、クサギカメムシとチャバネアオカメムシであったのだ。両種とも埼玉では普通種で、かつ、なかなか強いニオイを出すカメムシである。

　同じように、鳥たちが忌避すると考えていたテントウムシも、鳥の胃中から見つかることがある。これまでには、2例を実見した。1例はクロツグミのメスで、ナミテントウを捕食していた。もう1例はウグイスで、ニジュウヤホシテントウを捕食していた。

　こうしたカメムシやテントウムシの捕食例は、忌避すべき対象であるはずの昆虫を、「つい、食べてしまった」のだろうか？　それともニオイや苦みは気にならず、「あえて、食べた」のだろうか？　それは、場合によったり、鳥の種類によったりしても違うのだろうか？　今のところは、まだ疑問のままだ。今後、さらに観察例を増やしていきながら、考えていく必要があると思っている。また、鳥の「くらし」の断面を見ることは、食べられる側である昆虫の「くらし」の断面を見ることでもある。

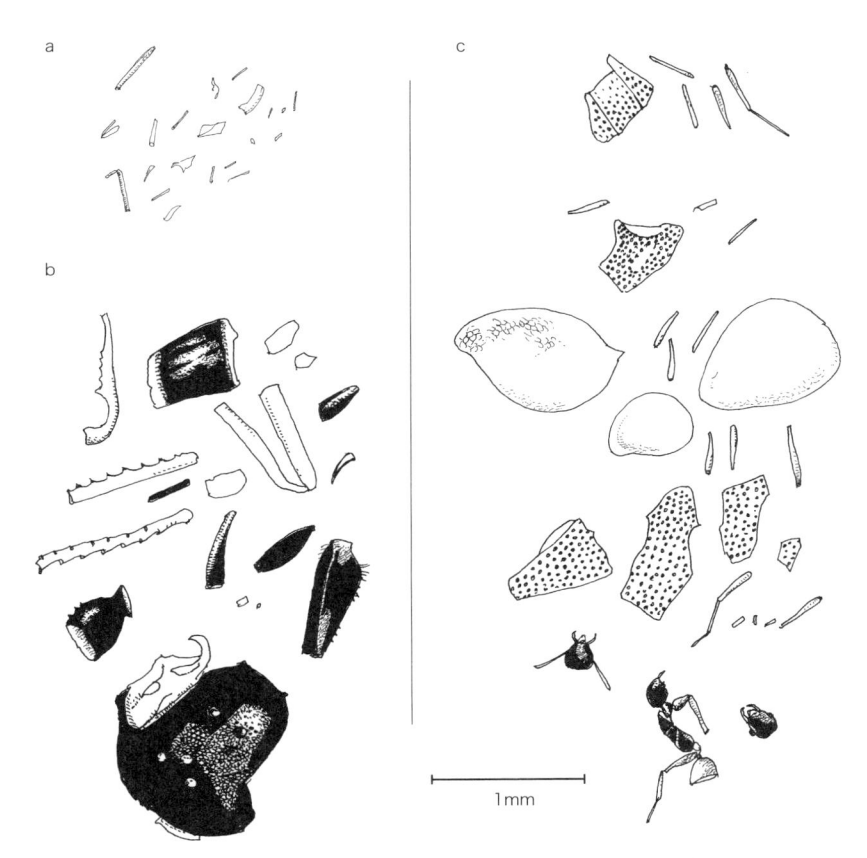

図67　メジロの胃内容物　a～cは別個体のもの、cの点刻のある破片がカメムシのもの

③ 胃石と「れきし」

　鳥の「くらし」の断面を、事故死した鳥の胃の中身から見ていくことができるということを紹介したが、この観察には副産物がある。

　事故死した鳥は解剖をして胃の中を見たあと、剥製や骨格標本を作製する。その作製法についてはここでは述べないが、もっとも手軽につくることができるのは鳥の頭骨の標本であるだろう。鳥の頭骨を見ると、食性によってクチバシの形がいろいろであることがわかる。この頭骨のスケッチはさほど難しいものではない。ただ、陰影をつけるためには点描をする必要があり、その加減が一番、難しいかもしれない。骨は白いものであるのだが、影になっ

た部分は、見かけよりも黒くするぐらいのつもりでコントラストをつけたほうが、より立体感が感じられるスケッチとなる。また、骨のスケッチのバックを黒く塗ることで、スケッチを目立たせる方法もある（例としては、図3など）。

　鳥の頭骨は種による違いはあるものの、歯がないことは共通している。つまり、鳥はエサを丸のみとする生き物である。ニワトリの筋肉質の胃袋が砂肝と称されていることからわかるように、歯のない鳥は、そのぶん胃袋が発達していたりする。そして、その中に胃石と呼ばれる小石を持っている場合がある。「場合がある」と書いたのは、すべての鳥の胃袋の中に小石が入っているわけではないからだ。この胃石こそが、胃の内容物の観察の副産物である。

　ニワトリの胃には、むろん、胃石が入っている。ほかにも、事故死した鳥を解剖してみたら、ヒバリやオオクイナ、バンの胃中からも胃石が見つかった。一方でサシバやアオバズク、海鳥のハシボソミズナギドリの胃には胃石は入っていなかった。肉や魚は丸のみをしても消化に不便はないということだろう。種子や葉を食べる鳥とって、胃石による食物の破砕が必要となってくるということのようだ。おもしろいのは、同じハトの仲間でも、キジバトの胃の中には胃石が見つかるが、ズアカアオバトの胃の中には胃石が見つからないことだ。キジバトに比べ、ズアカアオバトは果実食に適応しているからだらうか。ちなみに、キジバトの胃の中から見つかった胃石の重量は0.2gであった。

　胃石を持つ鳥の、極端な例としては、草食性が強いダチョウがあげられる。実見したダチョウ（飼育個体・肉用に屠殺されたもの）の胃からは、驚くほどの量（1580g）の胃石が見つかった。

　鳥が歯をなくした理由は、空を飛ぶためには、バランス上、できるだけ頭部を軽くする必要があったからであろうが、もともと鳥の祖先も食物を丸のみする性質の生き物であったから、歯をなくすことへの抵抗は少なかったであろう。その鳥の祖先にあたる生き物が恐竜である。恐竜の場合、一部の草食恐竜には鳥と同じように胃石があったといわれているが、詳しいことはまだよくわかっていない。

恐竜は二足歩行をする体の構造を基本としており、こうした体の基本的なつくりもまた鳥に継承されている。鳥の翼の骨格標本をつくってみると、鳥の翼には指が3本あることがわかるが、この前肢の指が3本であるというのも、恐竜に由来した特徴の一つである。このように、事故死した鳥の体を見ることで、鳥たちの「れきし」の断面も浮かび上がってくる。

　冬は、ほかの季節に比べると、生き物たちを直接観察できないことが多い。

　目にしない生き物たちはどこに隠れているのだろう。はたまた、目にした生き物の痕跡は何を物語っているのだろう。

　冬の自然観察では「かんがえる」ことを余儀なくされる。冬は思索の時間なのだ。そして、これまでの季節で見てきた生き物たちの、「れきし」「くらし」「たくさん」「つながり」の意味するものを、ゆっくりと見返し、「かんがえる」時間を持つこともしたい。

④ 鳥のスケッチの技法

　ここで、鳥のスケッチ自体についてもふれておきたい。

　鳥は普段、間近で観察する機会はなかなかない。そのため、こうした事故死した鳥を手に取ってみるというのはとても貴重な機会だ。たとえば鳥の種類によっては、地域個体群ごとに亜種に分けられているものもあるが、亜種の違いなどは、手にしたことでよくわかることがある。

　沖縄にも留鳥としてウグイスが生息しているが、冬場になると、越冬のために本土からウグイスが渡ってもくる。1月の沖縄島で、わずか3日の間を経ただけで、2羽のウグイスの事故死体を拾ったことがある。これが、同じウグイスという種類ながら、両者に一見して異なった体型であることがわかるほどの違いがあることに気づき、驚かされた。ウグイスに詳しい専門家に死体を送付して見てもらったところ、それぞれ、沖縄島で繁殖している留鳥型（亜種ダイトウウグイスとされる）と、南日本で繁殖する渡り鳥の越冬型とされた。留鳥型の亜種は、クチバシが長く、翼の風切りの先端部がそれほど伸びないという外見上の特徴があり、これに対して越冬型は、クチバシが長く風切りの先端が伸びるという特徴がある（**図68**）。

　では、鳥をスケッチするときには、どんなポイントに注意しながら描い

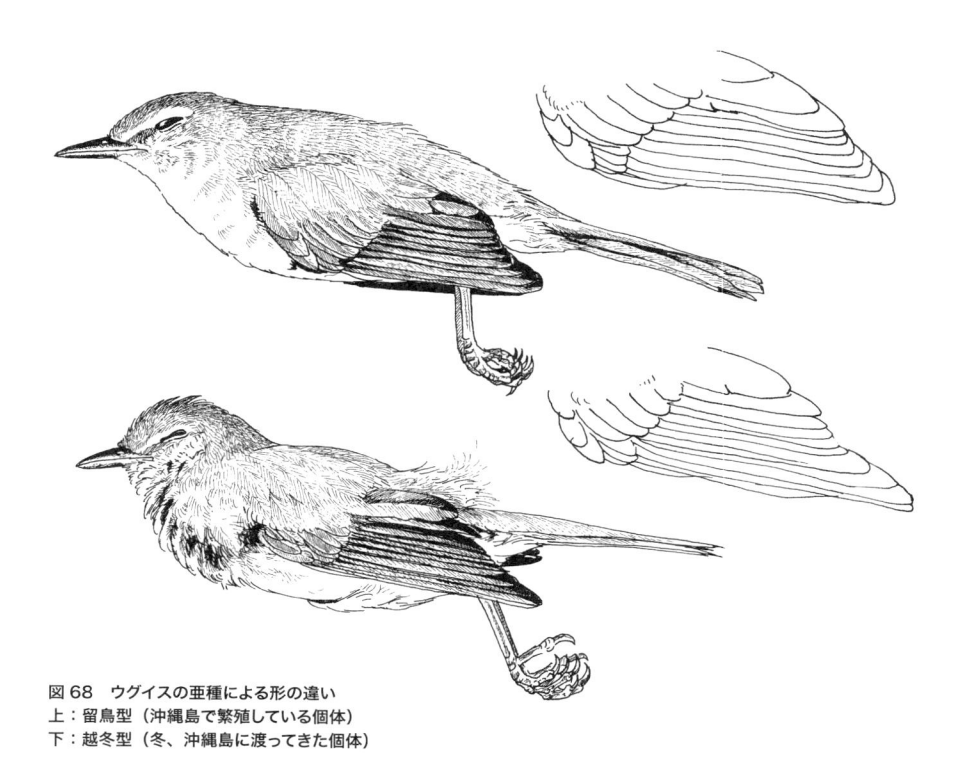

図68　ウグイスの亜種による形の違い
上：留鳥型（沖縄島で繁殖している個体）
下：越冬型（冬、沖縄島に渡ってきた個体）

ていけばいいのだろうか。

　図に示したのは、鳥（アカショウビン）の姿を、一番シンプルな形でスケッチしたものである（**図69**）。アカショウビンの輪郭を描くのには0.2 mmのロットリングを使用している。これは、植物やキノコ、昆虫など、これまで紹介してきた生き物たちのスケッチ方法と変らない。ただ、今まで紹介してきた生き物は、外形がはっきりしているものが多かったため、輪郭はとぎれていない、はっきりした線で描くのが基本だった。鳥の場合も、風切りや尾羽、クチバシの輪郭は切れ目のない線で描いたほうがいい。また、風切りや尾羽は1枚1枚の輪郭も同様に0.2 mmのロットリングで描く。以下の説明でも、「鳥の輪郭を描く」ということは、「風切りや尾羽については1枚1枚の区切りを描く」ということまでも含んだものであるということを意味することとする（風切りや尾羽は数をきちんと数えて描く）。しかし、鳥の場合、頭部や胴体の輪郭を描くときには、羽毛のふわりとした質感を出すために工夫が必要である。短い線を重ねていく感じで、体の輪郭を描いていくのであ

図 69　アカショウビン（輪郭スケッチ）

る。首や肩のあたりなど、羽の生え方や盛り上がり方が異なる境界線のようなものがあるので、それも 0.2 mm のロットリングで描く。この状態で終了したものが図示したものである。このままでも鳥の外形を記録するスケッチとしては十分だ。時間がないときや、鳥のスケッチを初めて手がける場合などは、とにかくこのような輪郭だけのスケッチを試みるといいだろう。なお、このスケッチは背面から描いているが、スケッチをする方向は以下に紹介するように、背面からとは限らない。

　続いて、羽毛の模様など、さらに細かな部分まで描き込んでいく場合のスケッチについて紹介していく。図示したキジバトは、基本的には先のアカショウビンのように輪郭をしっかりスケッチすることを、まず心がける。アカショ

4　生き物を描く——141

図70　キジバト（模様スケッチ）

ウビンの場合は、背面から見たとき、ほぼ同様に赤褐色をした羽毛に覆われているのだが、キジバトの場合は、首のところと翼に、濃色部があるので、そうした模様を表現したほうが、一目でキジバトだとわかるスケッチとなる。そこで、輪郭を描いたあと、濃色部を描くことにする。これは、昆虫のスケッチで紹介した、ベタを塗る作業と同質であり、筆ペンなど、ベタ塗りに使う筆記具を使用する。輪郭に加え、濃色部だけに黒を入れたのが、図示したキジバトのスケッチである（**図70**）。このように、はっきりした模様のある鳥の場合、輪郭に加えて、このはっきりとした模様を描くと、よりその鳥らしいスケッチを描き上げることができる。

さらに細かな特徴までを描き込むと、細部スケッチができあがる。また、場合によっては、鳥の部分（頭部や脚など）を選んで、部分的な細部スケッチを描くこともある（部分スケッチ）。事故死した鳥を拾った場合、ここまで説明したようなスケッチの種類（①輪郭スケッチ　②模様スケッチ　③細部スケッチ　④部分スケッチ）を組み合わせて記録をとっていく。

では、以上に書いたことを復習しながら、ハイイロウミツバメを例にして、鳥のスケッチを描く過程を見てみることにする。

まず鉛筆で下絵を描く。どの方向から描くか。また、翼の羽はどんなふうに重なっているか。下絵を描く前に、鳥を手に持って、よく観察してから下絵を描き始めることとする。

その下絵にペンを入れた①輪郭スケッチが**図71**である。先に書いたように、輪郭を描く際に、風切りなどの主要な羽、頭と胸の境目などにペンを入れているのがわかると思う。鳥を描く際に頭部は特に重要である。頭部の特徴のコントラストをはっきりとさせるため、眼の周囲や、クチバシの根本の

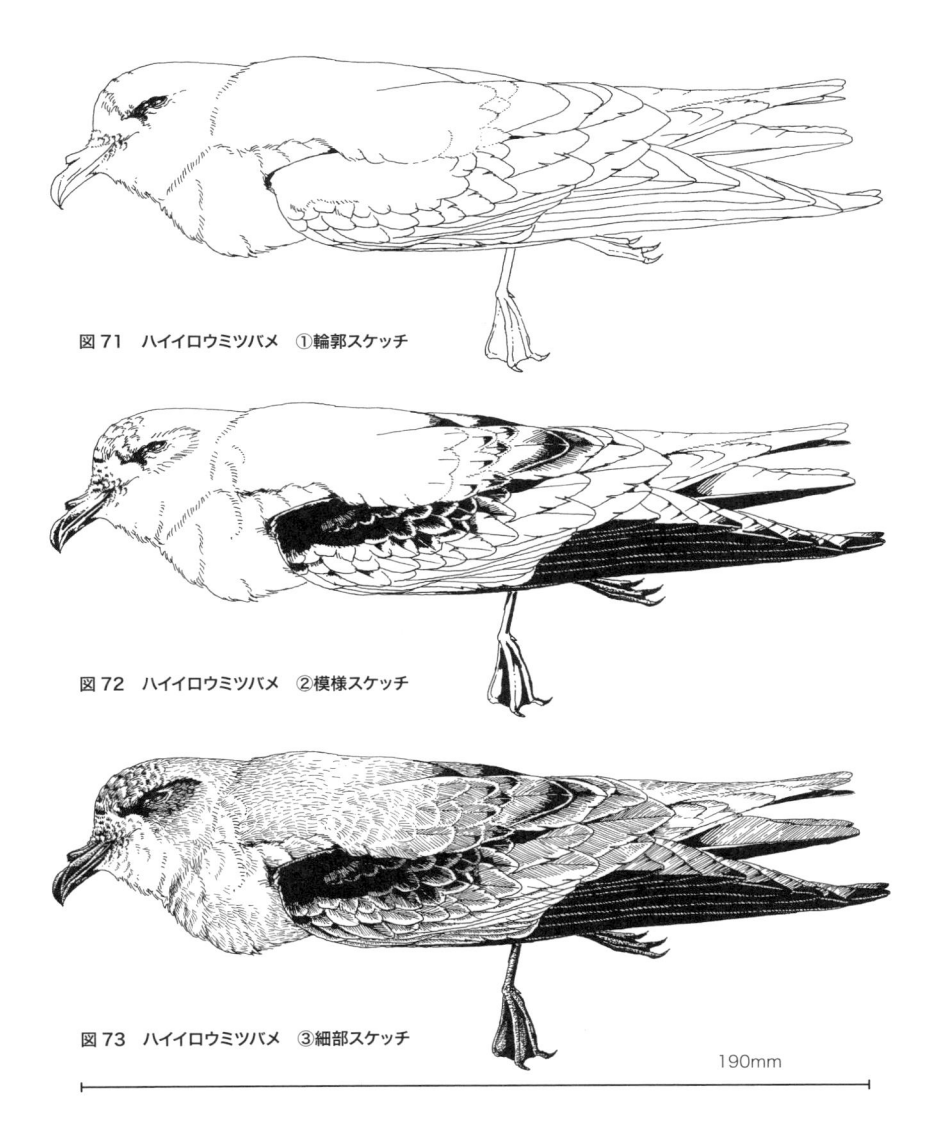

図71　ハイイロウミツバメ　①輪郭スケッチ

図72　ハイイロウミツバメ　②模様スケッチ

図73　ハイイロウミツバメ　③細部スケッチ

190mm

羽にも少しペンを入れている。
　続いて、暗色部にベタを塗った②模様スケッチが**図72**である。風切りと脚、クチバシがおもな暗色部であるが、それ以外にも肩部の羽が暗色のため、黒を入れている。風切りでも、一様に黒く塗るわけではない。羽軸の下側は、真っ黒に塗っているが、羽軸の上面は、細い線でグレーに表現をしている。

4　生き物を描く——143

同様、脚も全体的に黒くはあるのだが、全部を真っ黒く塗ってしまうと、平板な見え方となるので、黒い脚であっても、陰影に気をつける。「どこまで黒を入れるか」は、スケッチを描きなれるようになっても、難しい点だ。

最後に 0.13 mm のロットリングで細かな羽までペン入れをした③細部スケッチが**図73**である。のどの部分はできるだけ白いままとし、ねずみ色をしている背面はうるさくない程度に細い線で陰影と色調を出している。鳥は全身が羽に覆われているわけではあるが、体の部分によって、輪郭を 0.2 mm のロットリングで描く羽（風切りなど）、輪郭を描かないが、1 枚 1 枚の羽の区分はわかるように描く羽（翼の根本や、肩付近）、輪郭を描かず、細い線で全体の陰影や色調を表す羽（背など）、ほとんど何も描かない羽（白い腹部など）など、表現方法を適宜、変えて描く必要がある。細部スケッチに関しては、描きすぎると修正が難しいので、とにかく、少しずつ描き足していくという心がまえが基本である。

事故死した鳥に限らず、生き物の姿はどんなものであっても、すべて、その生き物の「くらし」や「れきし」を物語る、いわば教科書のようなものである。生き物のスケッチをするということは、いわば教科書を模写するような作業であるといっていい。

春がやがてくる。

周囲を見渡せば、まだ目を通していない教科書が星のごとくにきらめいている。

図74　鳥の部分スケッチ（キジ♀）

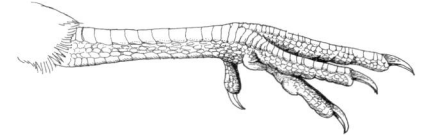

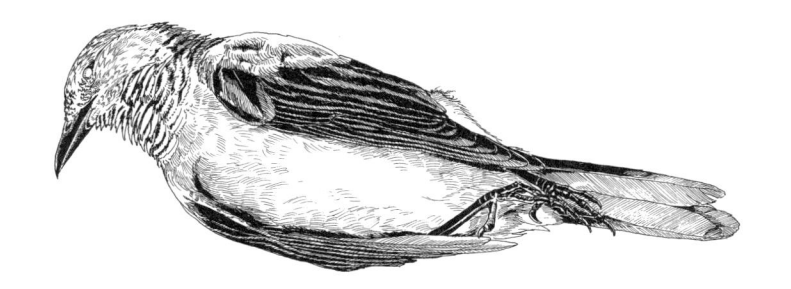

図 75　イソヒヨドリ（細部スケッチ）

図 76　ヒヨドリ（細部スケッチ）

4　生き物を描く——145

図 77 アカショウビン（細部スケッチ）

5 人と自然の関係……まとめにかえて

　実家に帰ったおり、近くの海辺を歩いてみた。
　渚には貝殻やフジツボ、種子、魚の骨とさまざまなものが打ち寄せられていた。その一つ、二つを、つい拾い上げてしまう。
　僕は子どものころ、そのようにして自然とつきあい始めたということを、あらためて思い出す。海岸で貝殻を拾い集めることがむやみに好きであったと。その行為に、とりたてて理由づけは必要がないのではないかと思う。
　人は本来、自然に対しての好奇心を持ち合わせているのではないだろうか。小学校で理科や生活科の授業をする機会がたびたびあるが、「理科離れ」が叫ばれるような現代にあっても、小学校の低学年生は、みな、生き物が大好きである。もし「理科離れ」「理科嫌い」というものが確かにあるのだとしたら（実際、大学生の授業ではそれを感じるのであるが）、本来、自然に対して持っていた好奇心を、何らかの形で失わせてしまう環境があって、その結果がそのような現象を引き起こしているといえる。
　本来、人が持っているはずである好奇心を失わせる環境とは何か。理科教員として、小学生から大学生、ときに夜間中学生の理科の授業を受け持つ中で、しばしば、その点について考えさせられる。
　「自然に興味を持たず、理解していなくても、十分に生きていける」
　それが現代の社会の、ある断面だ。ここに自然に対する好奇心を失わせる原因の大本があるように思う。身近に自然があるかどうかが問題ではなく、「くらし」の中において、自然との関わりが不要となった。だからこそ、生活と遊離した理科の授業は、知識を詰め込むものとして、生徒に嫌われる。その一方で、高度な技術の担い手として、一部の若者はこれまで以上に科学に関しての知識を身につけていくようになる。
　しかし、本当にこれでいいのだろうか。
　科学を一部の専門家の手にゆだねることの危険性は、現代の環境問題の根

本に潜む問題点であるように思う。

　かつて、埼玉の私立学校に勤務しているおり、1人の生徒が「お化けタンポポ」と呼ぶことになる、「かわりだね」を見つけ出した。

　いったい、どうしてこのようなタンポポが生まれたのか？

　発見者である中学生たちはあれこれと憶測をしたのだが、中に「ひょっとしてチェルノブイリの影響？」などという発言もあった。なんとなれば、ちょうど「お化けタンポポ」が見つかった年の春、1986年4月26日にチェルノブイリ原発の事故が起こったからである。しかし、僕は「チェルノブイリの影響」という説は一笑に付してしまった。

　それから何年も春になるたびに、「お化けタンポポ」は学校周辺で見つかった。そして「お化けタンポポ」の追跡調査をおこなったのだが、結局理由は解明できなかった。

　「お化けタンポポ」は専門的にいえば帯化奇形と呼ばれる現象であることは、先にもふれた。タンポポについて帯化奇形が見られることは、古くから知られている。帯化奇形はさまざまな植物で起こる。園芸植物では石化とも呼ばれ、中には珍重されたりする場合もある。帯化奇形は物理的な刺激やウイルスによる感染などで、成長点に何らかの影響がおよんだとき、引き起こされる現象である。そして、「お化けタンポポ」の調査をしているときは、そのことを知らずにいたのだが、帯化奇形を引き起こす要因の一つに、放射能もあることを知った。

　事故後20年以上たってようやく、アメリカにおいて、チェルノブイリ原発の事故による生き物や人体に対する総括的な報告が出されている。そうした影響を受けた生き物の一つに、植物もある。報告を読むと、チェルノブイリ原発による放射能汚染によって、植物にもさまざまな奇形が生み出されていることがわかる。その中に帯化奇形もあることが報告されている。

　もう一度、「お化けタンポポ」のスケッチを描いた『飯能博物誌』を読み返してみる。スケッチのとなりには、スケッチをした日時がメモされている。1986年5月10日とある。「お化けタンポポ」の生み出された原因がチェルノブイリ原発事故の放射能とは思えなかったのは、チェルノブイリ原発が、あまりに遠くに感じられたからだ。しかし、これも最近になって、チェルノ

ブイリ原発から放射された放射能は、日本まで到達していたことを知った。京都大学原子炉実験所で計測された観察結果によれば、事故後、1週間たった5月3日になって放射能が計測されたという。

「お化けタンポポ」がチェルノブイリ原発の放射能の影響で引き起こされた帯化奇形であったという可能性は低いのではないかと思う。というのも、5月10日に「お化けタンポポ」を見つけたとき、それはすでに綿毛になっていたからだ。逆算すると、放射能が埼玉に到達していた時点で、すでに帯化は始まっていたのではないかと思われるからだ。しかし、生徒が「ひょっとしてチェルノブイリの影響？」と発言をした際、決して一笑に付してはいけなかったのだと、今になって強く思う。その時点では、何ら否定する証拠はなかったのだから。そして、「チェルノブイリから放射能は届かないよ」というのは、まったくの思い込みであったのだから。

現代、僕たちは「くらし」の中において自然との関係が不要になったと、思い込んでいるだけなのではないか。

だが、本来、人は自然と無関係では生活しえない。「くらし」の中で人と自然が無関係になったのではなく、「くらし」の中で人と自然の関係性が見えにくくなったということなのだ。自然との関係が探りにくくなった時代だからこそ、自然に対してむける個々人の目を鍛えていく必要がある。

「好事家になるな」

理科教員として多くのことを教えていただいた岩田好宏先生からは、常々、そう忠告を受けた。「対象とする生き物にのめり込みすぎて、周囲が見えなくならないように……」それは、特に理科教員として自然と接するとき、重要な心がまえであると先生は話された。その一方で、対象とする生き物について、ある程度以上、深く接しなければ、語るべき内容を持ちえないということも厳然としてある。生き物に接するとき……好事家に陥らず、表面上のみをなぞるような接し方をするにとどまらず……まるで稜線を歩くがごとくの心がまえが必要だということだ。この心がまえを、自然を見るときの「基本」としたい。そのように思っている。

どこまでその教えを実行できているかは、はなはだ心もとないのである

が、自分自身が、そんな「基本」に立ち、自然を見ていこうと決めたとき、もう一度、選びなおした自然を見るときの手法が、自分にとっては子どものころからなじんでいた「スケッチをする」という手法であった。

　本書は、この「スケッチをする」という手法の「基礎」を身につけるための教科書である。そのスケッチの「基礎」を学ぶという目的に対してもまた、さまざまな手法がありうる。そのため本書で提示しているのは、あくまでも一つの手法にしかすぎない。そして、「基礎」はあくまで「基本」を実現するための手段であることは忘れないようにしたい。

　本書が、みなさんが自然との関係をつむぐときの一助になればと願う。

おわりに

　自然は予測不可能性を秘めているが、その予測不可能性を産む理由の一つは複雑な関係性が存在するからだ。人の一生もまた、同様であると思う。

　大学時代、京葉ナチュラリストクラブという、学外の小さな団体の活動に加わっていた。社会人のリーダーのもと、大学生たちが一緒になって、子どもたちの自然体験をサポートするという活動である。ほとんど、遊び回っていたようなおぼろげな記憶しかない。その活動が、どうその後につながっていくかなど、考えたこともなかった。

　大学卒業後、本文にもあるように、僕は埼玉に新設された私立学校、自由の森学園中・高等学校から教員生活の一歩目を始めた。南房総生まれの僕にとって、埼玉の里山暮らしは見慣れぬ自然との戸惑いの出会いでもあった。

　そんななか、1本の電話がかかってきた。大学時代の活動のつてで、とある子ども向けの自然関連の雑誌に、植物の記事を書かないかという誘いの電話であった。僕の人生で恩師と呼べる方は何人かいるが、この仕事で出会った新妻昭夫さんもその1人である。同じ雑誌の連載陣の1人であった新妻さんは、その後、一緒に自然観察のブックレットを書く仕事に誘ってくださり、結果として、僕が本を書くということに深く関わっていくことになる、そのきっかけをつくってくださった。

　「決して、いい加減な本を出してはいけない」

　新妻さんからいただいた言葉は、こんな「あたりまえ」の言葉だ。しかし、この言葉は僕の中に深くしみつき、以後、本を出す度に思い出し、自戒する言葉となっている。新妻さんは2010年に惜しくも亡くなられてしまった。けれど、その新妻さんとの縁が、本書を出すことを勧めてくださった東京大学出版会編集部の光明義文さんにもつながっている。

　それだけではない。大学時代、ともに子どもたちと自然遊びをしていた学生仲間とも、その後、まったく無縁な暮らしをし続けていた。しかし、その

ときの仲間の1人が立ち上げた団体である、日本ネイチャーゲーム協会からある日、突然の電話を受けることとなる。会員むけの自然観察の講師の依頼であった。以後、何度か観察会の講師として招かれている。本書の冒頭部は、2011年の夏、日本ネイチャーゲーム協会山口支部の観察会講師として、山口県の祝島にておこなった観察会でのシーンを思い起こして書いたものだ。

　埼玉の私立中・高等学校の理科教師として始まった教員生活は、また思いもかけぬことに沖縄での大学教員へとつながってしまった。本文中の学生による昆虫のスケッチは、僕が現在勤務している沖縄大学人文学部こども文化学科の「子どもと野外観察」という授業において、学生たちに描いてもらった作品の一部である。こども文化学科の学生たちからは、たとえば専門家ではない人々が昆虫をどう見ているのかといったような視点をたえず教えてもらっている。

　最後に、デザイナーの遠藤勁さんの手によってこそ、多数のイラストを含むという本書の特徴がうまく生かされることとなったということにも、ひとことふれておきたい。

　このようなさまざまな方々との出会いがあって本書は生まれることになった。記して感謝したい。

参考文献

青葉高　1993　『日本の野菜』　八坂書房
伊沢正名写真　1998　『きのこブック』　コロナブックス51　平凡社
石川良輔　1996　『昆虫の誕生』　中公新書
岩田好宏　2010　『植物誌入門』　緑風出版
唐沢孝一　2005　「小さな猛禽　モズの不思議」『バーダー』19（10）
小出裕章　2011　『原発のウソ』　扶桑社新書
国立科学博物館編　2008　『菌類のふしぎ』　東海大学出版会
相良直彦　1989　『きのこと動物』　築地書館
島田卓哉　2008　「野ネズミとドングリとの不思議な関係」　日本生態学会編　『森の不思議を解き明かす』　文一総合出版
椿敬介監修　1997　『キノコの世界　菌界2』（『植物の世界』別冊）　朝日新聞社
中西弘樹　1994　『種子はひろがる』　平凡社
西田治文　1998　『植物のたどってきた道』　NHKブックス
林長閑　1986　『甲虫の生活』　築地書館
日浦勇　1975　『自然観察入門』　中公新書
吹春俊光　1997　「照葉樹林のきのこ」『照葉樹林の生態学』　千葉県立中央博物館
丸山宗利　2011　『ツノゼミ　ありえない虫』　幻冬舎
盛口満　1997　『ネコジャラシのポップコーン』　木魂社
盛口満　2001　『ドングリの謎』　どうぶつ社
盛口満　2005　『わっ、ゴキブリだ！』　どうぶつ社
盛口満　2006　『冬虫夏草の謎』　どうぶつ社
盛口満　2007　『ゲッチョ先生の卵探検記』　山と溪谷社
盛口満　2008　『コケの謎』　どうぶつ社
盛口満　2009　『ゲッチョ先生の野菜探検記』　木魂社
盛口満　2010　『ゲッチョ先生のナメクジ探検記』　木魂社
盛口満　2012　『シダの扉』　八坂書房

盛口満・安田守　2001　『骨の学校　ぼくらの骨格標本のつくり方』　木魂社
安富和男　1993　『ゴキブリ３億年のひみつ』　講談社ブルーバックス
山岸博　2001　「細胞質雄性不稔遺伝子からみたハマダイコンと栽培ダイコンの関係」山口祐文・島本義也編　『栽培植物の自然史』　北海道大学図書刊行会
ヤマグチ・M　1985　『世界の野菜』　養賢堂
山田吉彦・林達夫訳　1989〜90　『完訳ファーブル昆虫記　全10巻』　岩波書店

Nikoh N. *et al.* 2000 Host jumping underground: Phylogenetic analysis of entomoparasitic fungi of the genus *Cordyceps*, Molecular Biology and Evolution 17, 629-638

Prud'homme B. *et al.* 2011 Body plan innovation in treehoppers of an extra winglike appendage, Nature 473, 83-86

Yablokov A.V. *et al.* 2009 Chernobyl consequences of the catastrophe for people and the environment, Annals of the New York Academy of Sciences 1181, 1-349

索引

ア　行
アオオビハエトリ　31,32,35
アオカナヘビ　135
アオカビ　117
アオバズク　133,134,138
アカイロトリノフンダマシ　104
アカショウビン　130,131,135,140,141,146
アカネズミ　23
顎　99
脚　92-97,99,101,107,143,144
アズマモグラ　56
アニマ　29
アーバン・モス　15
アミシダ　74
アミタケ　116
アルマジロ　45
アワ　23
イエシロアリ　119
維管束　71
生き物屋　21
イグアナ　10
イグチ科　115
胃石　137,138
イセリアカイガラムシ　33
イソグラフ　38
イソヒヨドリ　145
イチジク　83,84
イチモンジセセリ　93
イトヒキミジンアリタケ　18
イヌ　11
イヌビワ　85
イボイボナメクジ　14
イモムシ　92-94
イモムシの脚式　95,96
イモムシルール　93,95
陰影　53,54
隠花植物　114

咽頭歯　130,132
ウグイス　136,139,140
ウシカメムシ　109
羽状複葉　58,59
ウバメガシ　22
羽片　74,75
ウマ　13
栄養葉　73
エサキモンキツノカメムシ　20
越冬型　139,140
エノコログサ　23,24,45
大顎　99,108
オオカマキリ　97
オオガラエダナナフシ　103
オオクイナ　138
オオゴキブリ　100
オオシロアリタケ　119,120
オガサワラクビキリギリス　133
オガサワラゴキブリ　135,136
オキナワウラジロガシ　22
オキナワオオカマキリ　133
オキナワマルバネクワガタ　107,108
押し葉　73,74
押し葉標本　28
おしべ　77-80
オニフスベ　113
お化けタンポポ　50-55,61,148,149
尾羽　140
オルドガキ　89

カ　行
貝殻　27,28,147
外生菌根　121
海藻　28
描きたいものを描く　49,59
ガク　53,86
角果　81
花茎　81

篭脱け 136
風切り 139,140,142-144
ガジュマル 85
カタツムリ 14
学校 42
カニ 91,93
カネタタキ 32
カブ 81
カブトムシ 98
花粉 86
花弁 81
カマキリ 92,96
カメムシ 135,137
カリフラワー 81
カルガモ 130
カワセミ 130,132
かわりだね 72,77,79,83,86,88,99,
　101-104,130,148
かわりだね・はしりだね調べ 72
かんがえる 139
カントウタンポポ 51
キジ 144
キジバト 138,141,142
基節 97
基礎 150
擬態 104
キツネ 12
気になる生き物 21
キヌガサタケ 117,118
キノコ 112-121,123,126
キノボリトカゲ 135
忌避物質 104
基本 149,150
キムラグモ類 90
キャベツ 80,81
臼歯 11
共生関係 119,122
恐竜 138,139
切り貼り方式 64
菌園 119
ギンゴケ 15,16

菌根 119-122
菌根菌 119-123
菌糸 112,113,116,121,122,126
ギンリョウソウ 121,122
菌類 113,114,117,123
食う―食われる 126
クサウラベニタケ 115
クサギカメムシ 136
クサリタマオシコガネ 98
クチキフサノミタケ 18
クチバシ 130,133,137,139,140,142,
　143
クモ 91,93
クモタケ 17
クモバエ 101
くらし 12-14,24,99,100,103,105,117,
　128,130,136,137,139,144,147,149
グレバ 117,118
クロツグミ 136
クワガタの大顎 110
脛節 97
げっ歯類 9,13
ケール 80
犬歯 10,11,12
ケント紙 61
ゴイサギ 135,136
甲殻類 92
後胸 96,98
光沢 105
甲虫 68
高等シロアリ 119
コガネタケ 41,42
ゴキブリ 90-92,97,100,101,104,135
コケ 15,71
骨格標本 15
コナラ属 22
コバチの仲間 84
コピー用箋 51,61
ゴボウ 82
コモチイトゴケ 16
コールラビ 81

コワモンゴキブリ　99
昆虫ルール　92-98
コントラスト　53,54,105,138

サ　行

栽培化されたバラ　80
栽培植物　24,80
細部スケッチ　88,142-146
細密スケッチ　126
サカキ　34
サクラ　78
サシバ　133,135,138
サソリ　91
雑食　12
雑草　23,24
サナギタケ　17
三法則　60,105,109
雌器托　16
シキミ　34
子実体　112-114,117,119,126,127
自然観察（の）講習会　9,19,20,22
シダ　73
下絵　38,52,53,61,62,64,65,68,74,105,
　　142
実体顕微鏡　19,20,36,68,69,84,105,
　　108,114,126,130
ジーナバ　119
子嚢　126
子嚢殻　126,127
子嚢菌類　17,114,122,126
シャクトリムシ　95
シャクトリムシルール　95
従属栄養　117
宿主　17
種子散布　82,83
種子植物　75
シュンギク　82
シュンラン　85-87
ショウロ　121,122
食用（の）キノコ　115,116
シロアリ　119

シロイヌナズナ　78
シロシャクジョウ　123-126
進化　24,75,100,101
芯柱　86
ズアカアオバト　138
スギナ　72
スケッチブック　34
スダジイ　34
スッポンタケ　117,118
砂肝　138
生態画　65,68
生態系　104
セイヨウタンポポ　51
石灰紀　72,99
接眼レンズ　68
設計図方式　62,64
切歯　9-11,13
節足動物　91-93
節足動物ルール　93-95,98
ゼニゴケ　16
セミタケ　18,126
前胸　96-98,101,108
先祖がえり　72
ゼンマイ　71-73
痩果　82
雑木林　15,17,18,41,42,114,115
ソウシチョウ　136
総苞　83
相利共生　120
ソーラス　75

タ　行

帯化奇形　51,148
ダイコン　81
大豆　24
体節　91,93-95,98,107
腿節　97
ダイトウウグイス　139
対物レンズ　68,69
体毛　56
タイワンシロアリ　119

タイワントビナナフシ　103
たくさん　99,139
ダグラスモミ　122
タケノクロホソバ　30
多足類　92
ダチョウ　138
タヌキ　10,12
食べる　21-23
ため糞　12,40
多様性　27,28,99,104,110,111,126
単為生殖　103
タンキリマメ　54
ダンゴムシ　91,92
担子菌類　114,122
ダンダラテントウ　104
タンニン　22,23
タンポタケ　122,123
タンポポ　49
チェルノブイリ　148,149
地下生菌　121-123
チクシトゲアリ　105,106,109
チチブヤリノホムシタケ　18
チャコウラナメクジ　14
チャバネアオカメムシ　136
中胸　96,98
蜘形類　91
中軸　74
柱頭　86
ツクシ　71,72
ツチイナゴ　133,135
ツチダンゴ　122,123
ツチハンミョウ　130
つながり　119,123,126,139
ツノゼミ　101,102
ツブノセミタケ　127
ツルタケ　115,116
ツルマメ　24
適応　71
デフォルメ　55,56
転節　97
テントウムシ　33,103,136

テンナンショウ　47
点描　53,54,107,108
頭花　51,52,82,83
透過型顕微鏡　19,114
頭骨　9-12,137,138
トウチュウカソウ　17
冬虫夏草　17,18,117,122,123,126
毒キノコ　114-117
トクサ　71,72,99
ドクツルタケ　115,116
トゲヂシャ　24
トーテム法　19,21
トノサマバッタ　133
トビイロツノゼミ　101
トラフズク　133
トリュフ　120
トレーシングペーパー　64,65
トレース法　65
ドングリ　22,23

ナ　行
長靴　17-19
ナガミハマナタマメ　88
ナナフシ　102
ナミテントウ　136
ナメクジ　14,116
肉食　10-12
ニジュウヤホシテントウ　136
ニブ　38,39
ニホンリス　23
ネコ　11
ネコジャラ飯　24
ノイバラ　80
野ばら　79,80
ノビル　78,79

ハ　行
ハイイロウミツバメ　142,143
ハイライト　105-107
ハエトリシメジ　116
ハサミムシのハサミ　111

ハシボソミズナキドリ　138
爬虫類　11
花　78,82,84,87
花びら　78-80,83,85,86
翅　92,94,100,101
ハバチの一種　93
葉ボタン　81
ハマキゴケ　16
ハマダイコン　81
はやにえ　128,129
バラ　79
バン　138
飯能博物誌　46-50,56,72,77,85,148
斑紋　104
ヒカゲノカズラ　71,99
ヒゲナガアメイロアリ　135
ヒサカキ　34
被子植物　75
ヒトクチタケ　118
ヒナノシャクジョウ　123
ヒナノハイゴケ　16
ヒバリ　138
ヒメカメノコテントウ　33
標本　28,31,60,61,73,105,136,137
標本画　65
ヒヨドリ　145
フィールド　42
フィールドノート　28-37,39-42,47
フキ　83
腹脚　94
腹足類　14
フクロツルタケ　115
腐生植物　121,123
跗節　97
フタホシコオロギ　133
ブナ科　22
部分スケッチ　142,144
フリーハンド　63
ブロッコリー　81
フンコロガシ　97
ベダリアテントウ　33

ベタを塗る　106,108,109,142
ペリット　130,132,133
ペン入れ　52,53
ホウオウボククチバ　95,96
胞子　112,117,118
胞子嚢　73,75
胞子葉　73
ホシダ　75,76
ホラアナゴキブリ　100,101

マ　行

毎木データ　40
マダラクワガタ　107,108
マツタケ　116,119,120
マテバシイ　22
漫画　55,56
実　84
見えない花　85
ミカヅキゼニゴケ　16
ミズナラ　23
実籾の四季　46
ミヤマクワガタ　108,109
むかご　78
ムカデ　91-94,99
ムササビ　9,13
虫　90,91,116
虫ギライ　90
無葉ラン　123
メガネ　15-17
めしべ　77,78
メジロ　135,137
メスフトエダナナフシ　103
目立つ花　85
モクゲンジ　57,58
モズ　128-130
模様スケッチ　142,143
モリバッタ　133,135

ヤ　行

八重桜　77,78
ヤエヤマツダナナフシ　102,103

ヤエヤママダラゴキブリ　135
葯　78,83,86
屋久島　37,39,40,57
ヤクシマセミタケ　127
野菜　80,81,83
ヤスマツトビナナフシ　103
野生化したバラ　80
野生植物　80
ヤマシギ　131,133
ヤマタニシ　14
ヤマトシロアリ　119
ヤモリ類　135
ヤワナラタケ　112
ヤンマタケ　18
雄器托　16
有肺類　14
ユウレイタケ　121
指　13
葉柄　73,74
葉脈　58,59,74,75
ヨモギエダジャク　93

ラ　行
ライムギ　24

裸子植物　75,77
ラピッドグラフ　38
ラフ　65,68
理科教員　27,40,147,149
理科通信　45-47,51
理科離れ　147
陸産貝類　14
留鳥型　139,140
輪郭　54,59,62-,65,73-75,104-106,
　　 108,109,127,141,142
輪郭スケッチ　89,141-143
れきし　13,14,23,24,71,72,79,80,99,
　　 104,114,128,137,139,144
レタス　24,81,82
ロットリング　37-40,46,51,53,54,74,
　　 106,108,126,127,140,141,144

ワ　行
枠取り　61,62
綿毛　53,55,82
ワモンゴキブリ　100,135,136
ワラビ　71,73

著者略歴
1962 年　千葉県に生まれる。
1985 年　千葉大学理学部生物学科卒業。
　　　　自由の森学園中・高等学校の理科教員を経て、
現在　　沖縄大学人文学部こども文化学科教授。
専門　　植物生態学。

主要著書
『僕らが死体を拾うわけ』(1994 年、どうぶつ社)
『ゲッチョ先生の卵探検記』(2007 年、山と溪谷社)
『ゲッチョ先生の野菜探検記』(2009 年、木魂社)
『おしゃべりな貝』(2011 年、八坂書房) ほか多数。

生き物の描き方──自然観察の技法

発行日──────2012 年 12 月 5 日　初 版
　　　　　　　2019 年 8 月 5 日　第 7 刷
　　　　　　　［検印廃止］
著者──────盛口　満
　　　　　　もりぐち みつる
デザイン─────遠藤　勁
発行所──────一般財団法人 東京大学出版会
　　　　　代表者　吉見　俊哉
　　　　153-0041　東京都目黒区駒場 4-5-29
　　　　電話 03-6407-1069　振替 00160-6-59964
印刷所──────株式会社 三秀舎
製本所──────牧製本印刷 株式会社

© 2012 Mitsuru Moriguchi
ISBN 978-4-13-063335-2　Printed in Japan

JCOPY 〈出版者著作権管理機構 委託出版物〉
本書の無断複写は著作権法上での例外を除き禁じられています。複写される場合は、そのつど事前に、出版者著作権管理機構 (電話 03-5244-5088、FAX 03-5244-5089、e-mail : info@jcopy.or.jp) の許諾を得てください。

ゲッチョ先生三部作 これにて完結

「ゲッチョ先生」こと著者渾身のシリーズは、好評のうちに完結を迎えました。単なるアートの花鳥スケッチ「ハウツーもの」ではなく、科学的な眼で自然に接し、対象の「れきし」「くらし」から「かたち」にいたるという画期的な記録姿勢と長年の理科教員としての実践成果が充分に込められている快書。

盛口 満 著

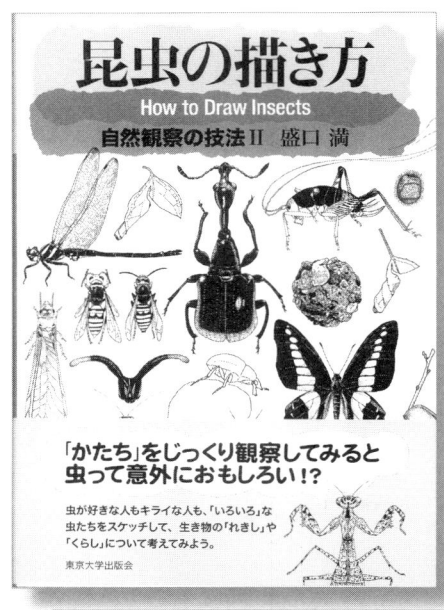

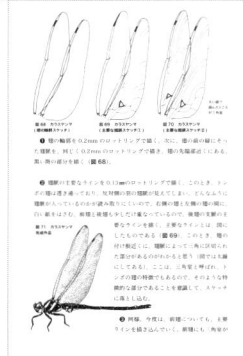

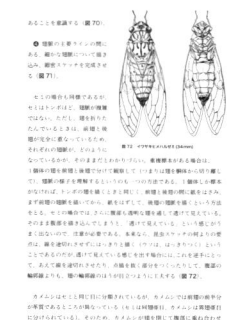

既刊

『昆虫の描き方──自然観察の技法Ⅱ』162ページ
本体価格2200円+税

『植物の描き方──自然観察の技法Ⅲ』180ページ
本体価格2400円+税

各:A5判/並製

左は『昆虫の描き方』見開きページより。著者のイラストが満載。

東京大学出版会